水流作用下沙波迎流面泥沙起动研究

张华庆　马殿光　李华国
刘　新　徐俊锋　　编著

人民交通出版社股份有限公司
China Communications Press Co.,Ltd.

内 容 提 要

本书采用水槽试验、数值计算和理论推导的方法，探讨了相对水深对沙波紊流特性的影响，分析了相对水深、水平位置及沙波波陡对垂线流速分布的影响，并以此建立了沙波垂线流速分布公式。在此基础上，针对沙波床面、河道坡度、水位变化及不同粒径等因素影响下泥沙颗粒起动流速、起动规律等进行系统研究，建立了多因素条件下泥沙颗粒起动流速分析方法，揭示了沙波床面上泥沙起动特点、主要影响因素及起动机理，提出了可行的沙波床面上起动流速确定方法，为其工程应用提供理论基础和依据。

本书内容新颖，逻辑缜密，概念清楚，实用性强，可供水运、水利等部门从事工程设计、规划等工作的科技人员和相关专业院校师生参考使用。

图书在版编目(CIP)数据

水流作用下沙波迎流面泥沙起动研究 / 张华庆等编著. — 北京 : 人民交通出版社股份有限公司, 2016. 5

ISBN 978-7-114-12985-8

Ⅰ. ①水… Ⅱ. ①张… Ⅲ. ①泥沙运动—流体动力学—研究 Ⅳ. ①TV142

中国版本图书馆 CIP 数据核字(2016)第 093389 号

书　　名:水流作用下沙波迎流面泥沙起动研究
著 作 者:张华庆　马殿光　李华国　刘　新　徐俊锋
责任编辑:孙　玺　牛家鸣
出版发行:人民交通出版社股份有限公司
地　　址:(100011)北京市朝阳区安定门外外馆斜街 3 号
网　　址:http://www. ccpress. com. cn
销售电话:(010)59757973
总 经 销:人民交通出版社股份有限公司发行部
经　　销:各地新华书店
印　　刷:北京鑫正大印刷有限公司
开　　本:720 × 960　1/16
印　　张:8. 5
字　　数:150 千
版　　次:2016 年 6 月　第 1 版
印　　次:2016 年 6 月　第 1 次印刷
书　　号:ISBN 978-7-114-12985-8
定　　价:33. 00 元

前言

Preface

沙波床面上泥沙起动条件是指具有沙波形态的河床表面上泥沙颗粒由静止状态变为运动状态的临界水流条件。其水力条件的研究是泥沙运动力学与河床演变学的重要内容之一，在工程当中有着广阔的应用前景。对于水库上下游河床的淤积和冲刷、水库排沙、河床演变、渠道稳定、河口海岸的开发、桥梁路基的冲刷、水环境的保护以及许多实际工程泥沙问题的分析处理都需要以沙波床面上泥沙起动流速研究为基础。如果采用某一平整床面上的公式进行起动流速的计算，把计算值作为我们的标准，那么就会有较大的误差，同时也存在着工程隐患，不利于实际工作的开展。因此，研究沙波床面上泥沙起动流速具有重要理论基础和实践意义。为了揭示沙波床面上泥沙起动规律，并提高理论的实用性，在前人研究的基础上，本书对沙波水沙运动规律进行研究，并建立了沙波迎流面垂线流速分布公式及泥沙起动流速公式。

沙波是天然河流中常见的底沙运动形态，尤其在山区河流沙卵石河段，水位陡涨陡降时更为明显。现有泥沙运动规律的研究多以平整床面上的泥沙运动为主，且泥沙起动公式、输沙率公式很多。尽管各公式基本上通过了理论分析及实测资料的验证，但在形式和计算结果上差别较大。而较之更为复杂的沙波床面上泥沙起动规律的研究也是在工程实践需要中发展起来的，由于问题过于复杂，所得的成果不多，尚难令人满意，现有公式也较难给出满意的结果，因此迫切需要在此方面进行研究。由于编者水平有限，书中观点、理论难免有误，敬请读者批评指正。

本书研究成果得到交通运输部天津水运工程科学研究院中央级公益性科

研院所基本科研业务费专项资金项目“不同坡度沙波床面上泥沙起动研究”资助,在编写过程中得到交通运输部天津水运工程科学研究院领导和同事的帮助,在此向他们及协助本书出版的同仁表示衷心感谢!

作　者

2015 年 12 月

于天津滨海新区

目　录

Contents

第1章 ▶ 绪 论

1.1 引言

河流对于人类文明的发展起着举足轻重的作用。随着人类活动在近河流域及河口海岸地区开发的不断深入，人们逐渐积累了对河流的基本认识和河流变化方面的科学实践和理论知识，首先是在对河道整治方面的工程技术和理论知识，其次是认识河流演变和运动发展基本规律的系统性、认知性的知识。为了合理利用、治理和开发河流，实现河流的可持续发展，人类必须清醒地认识和掌握河流演变的客观规律，如此才能对河流今后的发展趋势做出正确的预测。为此，必须首先掌握河流水沙运动的规律。众所周知，泥沙运动是河床演变的主要因素，水流与河床的相互作用以泥沙运动为纽带，河床演变以泥沙运动为基础，因此，研究泥沙的运动规律是认识河床演变规律的关键。有关方面的研究，两百年前就已开始，到目前为止，学者针对泥沙的运动规律进行了大量的研究。

泥沙起动条件是指泥沙由静止转为运动的临界条件，这是河流动力学及泥沙工程学中一个非常重要的基本问题。河渠泥沙输移、河岸稳定、河道演变、河床粗细化、实体模型相似准则的研究及许多实际工程泥沙问题的分析处理，都需要以泥沙起动条件为基础。因此，泥沙起动问题一直是泥沙基本理论研究领域的一项难点和前沿课题。两个多世纪以来，人们逐渐建立了较为完善的泥沙起动公式，然而，大部分公式仅适合坡度为零的床面上的泥沙。受床面坡度影响的泥沙起动研究主要体现在四个方面：平坡河床上泥沙起动，正坡河床上泥沙起动，负坡河床上泥沙起动，岸坡上泥沙起动。其中前三个属于底坡泥沙起动的研究范畴。对于天然冲积河流来讲，其河床底坡较小，可以忽略小底坡对床面上泥沙起动的影响；而对于存在沙波的河段及山区冲积性河流，其河床底坡较大，对泥沙起动有一定的影响，河床坡度作用不容忽略。

研究初期，泥沙运动规律的研究多以平整床面上的泥沙起动为对象，取得了很大的研究进展，得到了相当多的实测资料和理论成果，并对其进行量化，推导出许多公式。目前,平整床面上无黏性颗粒泥沙的起动流速公式不少于数十个。尽管各公式基本上通过了理论分析和实测资料的验证,但在形式上和计算结果上差别较大,一定程度上增加了人们使用选择时的难度,同时对有些实际问题不能做出合理的解释。而较之更为复杂的沙波床面上泥沙起动规律的研究也是在工程实践需要中发展起来的,由于问题过于复杂,所得的成果不多,尚难令人满意,现有公式也较难给出满意的结果,因此迫切需要在此方面进行研究。

天然河道中沙波的形成所需要的沉积物质量小,水动力条件容易达到,因而往往对水沙关系改变最为敏感。沙波是沉积物在水中运动的外在表现,水沙关系是河流研究的核心,不同坡度沙波上泥沙起动是研究水沙关系的重要切入点。沙波床面上的泥沙起动条件即指具有沙波形态的河床表面上泥沙颗粒由静止状态变为运动状态的临界水流条件,用垂线平均流速表示的起动条件叫做起动流速。其水力条件的研究是泥沙运动力学与河床演变学的重要内容之一,在工程当中得到广泛应用。对于水库上下游河床的淤积和冲刷、水库排沙、河床演变、渠道稳定、河口海岸的开发、桥梁路基的冲刷、水环境的保护以及许多实际工程泥沙问题的分析处理,都需要以沙波床面上泥沙起动流速为基础。因此,研究沙波床面上泥沙起动流速具有重要的理论基础和实践意义。

从已有研究成果来看,与平整水槽试验中泥沙颗粒起动相比,库区河道由于受枢纽调度影响,水位陡涨陡降更为明显,河道平面很难保持平整。此外,各公式都是在平整床面的情况下测定,很少考虑沙波床面的影响。在实际工程中所遇到的河床往往是天然河床,沙波形态明显,如果采用某一平整床面上的公式进行起动流速的计算,把计算值作为标准,那么就会有较大的误差,同时也存在着工程隐患,不利于实际工作的开展。因此,沙波床面上泥沙起动规律更需加以关注和研究。

1.2 沙波机理性研究

1.2.1 沙波形成过程

天然河床是由不同粒径的泥沙组成。在水流的作用下,因物理特性、地形、地质等条件的影响,每个泥沙颗粒以不同的方式进行运动,宏观上使得床面凹凸有致,继而改变水流结构,水流结构的改变又再一次影响泥沙运动,周而复始,形成了复杂的床面形态。

沙波是泥沙颗粒集体运动的一种形式,当推移质达到一定的数量后,床面就形成不同的沙波形态。当平整静止床面时,水流达到一定强度以后,泥沙颗粒便开始运动,逐渐形成沙纹。随着水流强度逐渐增大,沙纹成长而变成沙垄。当沙垄发展到一定高度以后,随着水流强度继续增大,沙垄转而趋于衰弱,波长逐渐加大,波高逐渐减小,直至恢复平整,即动平整。在动平整时,泥沙运动强度已经相当大。如果水流强度继续增大,接近或处于急流状态,床面再进一步出现起伏不平的沙浪(驻波形式),驻波起伏对称,与水面波同相位、相平行。但在水浅流急之处,常会出现逆行沙浪。逆行沙浪在发展过程中,水面波动逐渐超过河床起伏,直至失去稳定而破碎时能量损失增大。水流强度进一步增大时,床面出现急滩和深潭,在急滩初泥沙运动十分剧烈,深潭初出现水跃。随着水流强度增大,床面呈现静平整→沙纹、沙垄→过渡→动平整→逆波→急滩、深潭的变化,如图 1. 1 所示。

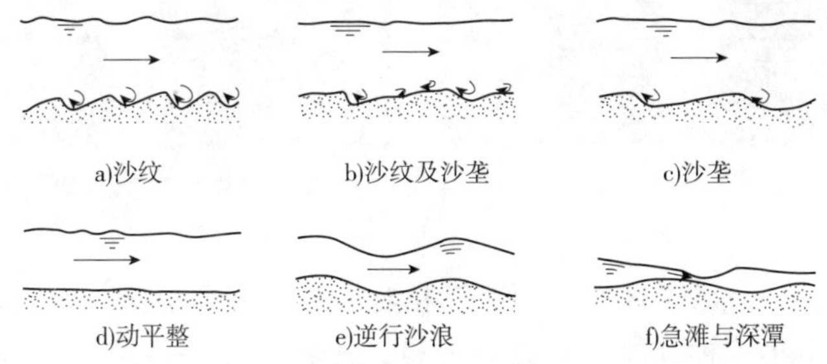

图 1. 1 沙波的发展过程[2]

Simons 和 Richarcdson[1]将床面形态和水流强度关系分成三个区:低水流区、过渡区和高水流区。

低水流区,床面形态包括沙纹和沙垄。

高水流区,床面形态包括动平整、驻波、逆波、急滩和深潭。

过渡区介于上述高低流区之间,床面形态由沙垄转向为动平整和驻波。

1. 2. 2 沙波形态分类

从平面形态上看,沙波形态多种多样,如图 1. 2 所示,一般可以分为以下四类[2]:

(1)带状(顺直)沙波:波峰线基本相互平行,并与流线垂直或略有斜交。这类沙波在天然河道和试验室中较为少见,只是在水流接近二维流动时,沙波形成初期才可能出现。

(2)断续蛇曲(弯曲)状沙波:波峰线呈不规则曲线,时断时续,大致与流向垂直。这类沙波是试验室和天然河道中最为常见的。

(3)链状沙波:波峰线大致呈波浪形,单行排列,处于连接和断裂边缘状态。

(4)新月形沙波:波高与波长基本相等,单行与双行沙波彼此交错,排列较整齐,呈鱼鳞状,波峰线凸向上游,如上弦月。这类沙波也是试验室和天然河道中较为常见的沙波形态。

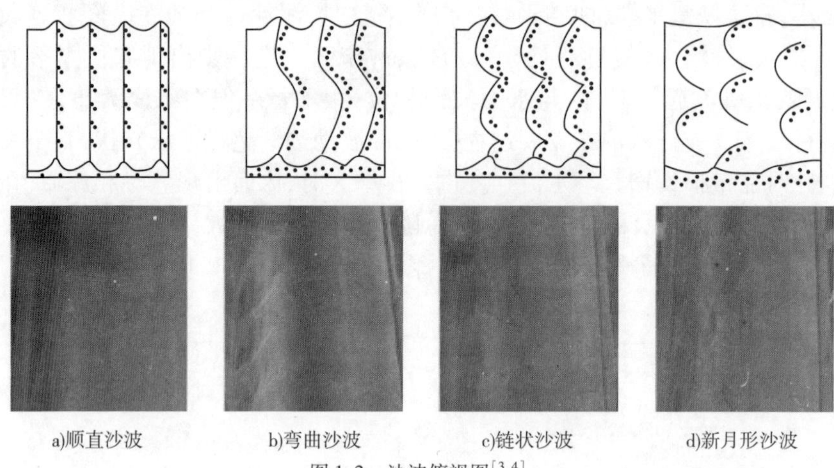

a)顺直沙波　b)弯曲沙波　c)链状沙波　d)新月形沙波

图 1.2　沙波俯视图[3,4]

现实情况中,因水流、地质、地貌、动植物及气象等因素不同,呈现出来的沙波形态并非仅仅上述几种。如世界第一大河口冲积沙岛——崇明岛,在整个潮滩上分布着形形色色的沙波形态,如图 1.3 所示。

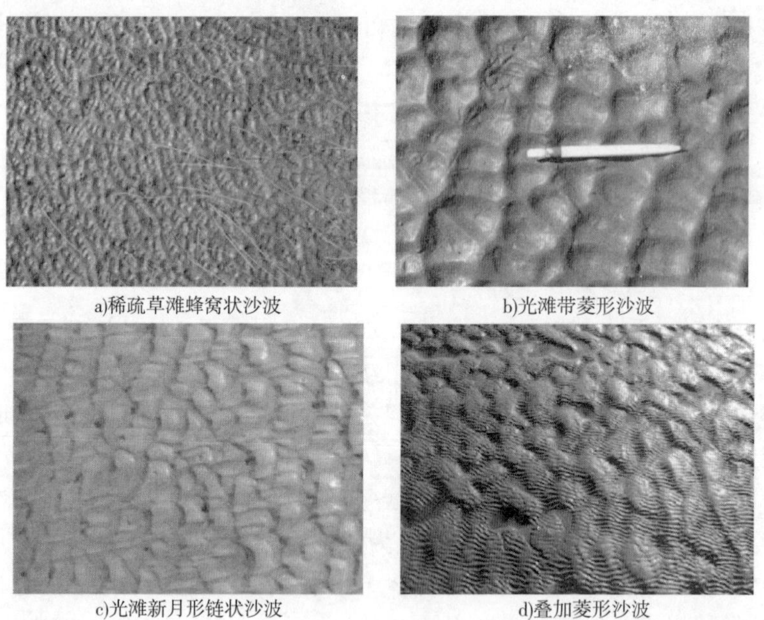

a)稀疏草滩蜂窝状沙波　b)光滩带菱形沙波

c)光滩新月形链状沙波　d)叠加菱形沙波

图　1.3

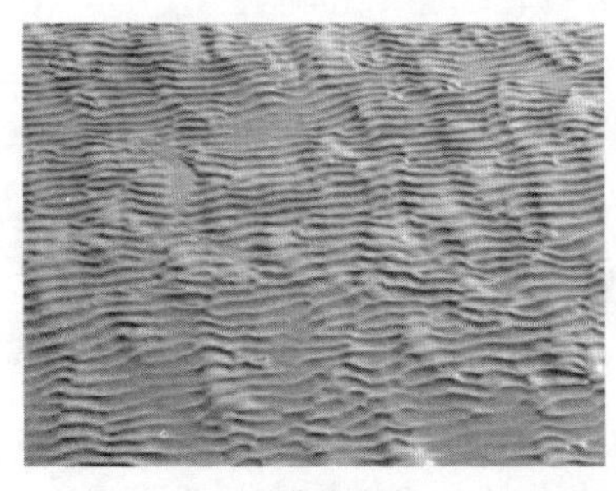

e)蛇曲状沙波

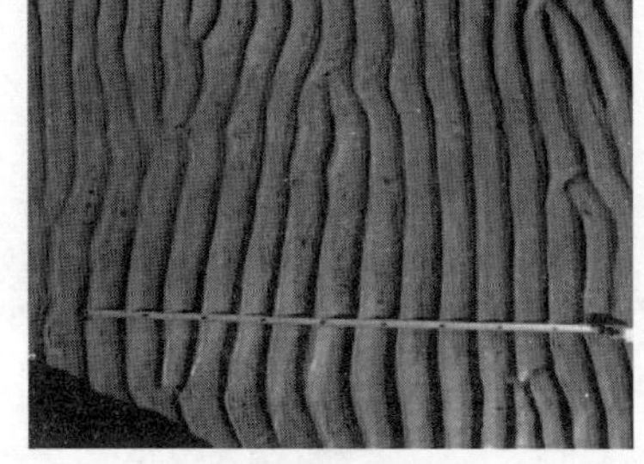

f)低潮滩反沙丘

图1.3 崇明岛国家地质公园沙波形态

1.2.3 沙波发展机理

目前,对于沙波的发展机理还没有形成统一的观点,不同的学者给出了不同的解释,主要有以下几个观点[5]:

1)水体的稳定性

赵连白[6]认为由于床面的泥沙颗粒具有各向异性,泥沙颗粒所受到的水流作用力也存在差异,作用力大的泥沙就先开始运动。由于泥沙颗粒的运动,床面形态发生改变,继而影响水流结构,进一步增大床面上泥沙颗粒所受作用力的差异。侯晖昌[7]认为沙波的发展演变是由于层流内的扰动引起的,一开始轻微的扰动导致床面形态的扰动,进而出现了沙波,沙波的扰动又促进了层流的扰动,两者相互作用,使得床面形态不断改变。这种观点从经典流体力学出发,易于理解和解释,但是只限于定性描述。

2)紊流拟序结构

紊流的拟序结构是指流体质团有序的运动[7]。毛野等[8]在底部为定床沙波的循环水槽中,采用流场综合分析法将流动显示与计算机图像处理相结合,进行系统试验研究,解释了拟序结构对泥沙运动的影响,如图1.4所示。毛野[8]研究认为:沙波主要以推移质方式迁移,但悬移质的输运对沙波的演变作用很大;床面泥沙颗粒被上扬,关键是短暂的拟序运动。白玉川[9]通过探讨明渠底层拟序结构与床沙的作用,建立了拟序结构与床沙作用的理论模式,研究了小尺度沙波的演变与发展。白玉川[10]观察到河床形态图与边界层失稳发展过程的烟线图较为相似,并证明沙波的发展演变是近壁层流中拟序结构作用的结果。随着测量和计算手段的不断提高,这种研究方法对揭示泥沙运动和沙波演变规律将起到越来越重要的作用。

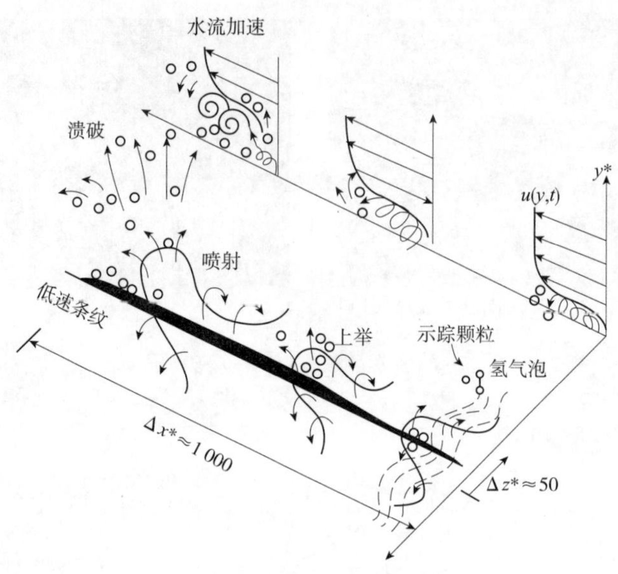

图 1.4 近壁颗粒悬浮机理[8]

3)界面波理论

类似水波理论,Kennedy 等[10,11]将沙波看成是水沙两者介质的界面波,利用界面波的不稳定性来进行研究。Kennedy[10,11]认为:当推移质达到一定的数量以后,床面沙粒成层运动,近底含沙量可以达到很高,主流区悬移质运动也充分发展,但含量不高,这时可以把它们看成是两层密度不同的流体在做相对的运动。当相对运动达到一定程度以后,交界面就会失稳,因而形成沙波运动。郑兆珍等[12]也提出相似的共振谐波理论模式,认为泥沙在一定谐波强制调整下,会与水体形成"准共振界面波"。还有部分学者认为沙波的形成可能与水面波有关。

目前,也有不少学者把沙波看成是一个随机过程,运用数理统计方法,找出沙波的统计规律,来揭示沙波的发展演变机理。

1.2.4 沙波形态研究

沙波是泥沙颗粒集体运动的外在形式,在不同的水流强度下,泥沙运动形式不同,所对应的沙波形态也不尽相同。长期以来,学者对沙波运动展开了大量的研究,并获得了大量的研究成果。现有多数的研究成果仅能描述其随着水流强度增大而增大的变化过程,很少能全面反映其先增后减的变化过程。

1960 年,长江流域规划办公室汉口河道观测队张柏年[13]曾对长江沙波的波高

h_s 和波速 W_s 提出如下表达式：

$$h_s = 9.453 \frac{U}{U_0} - 1.51 \left(\frac{U}{U_0}\right)^2 - 9.532 \tag{1-1}$$

$$\frac{W_s}{U} = 0.012 \frac{U^2}{gd} - 0.043 \frac{gD}{U^2} - 0.000\,091 \tag{1-2}$$

式中，U 为断面平均流速；U_0 为床沙的起动流速；g 为重力加速度；D 为床沙粒径。

1961 年，张瑞瑾[14]在国内外实测资料的基础上，提出了沙波波高 h_s 和波速 W_s 的表达式：

$$\frac{h_s}{d} = 0.086 \frac{U}{\sqrt{gd}} \left(\frac{d}{D}\right)^{\frac{1}{4}} \tag{1-3}$$

$$\frac{W_s}{U} = 0.014\,4 \frac{U^2}{gd} \tag{1-4}$$

式中符号意义同前。

赵连白[15]针对均匀沙及非均匀沙影响因素及组成特点，运用多元回归分析方法，建立沙波运动要素的表达式如下：

$$h_s = 0.15 d \xi^{0.5} \theta^{0.12} \mathrm{Fr}^{0.1} \left(\frac{d}{D_{50}}\right)^{0.018} \tag{1-5}$$

$$\lambda = 10.3 D_{50} \xi^{-0.365} \theta^{0.08} \mathrm{Fr}^{0.78} \left(\frac{d}{D_{50}}\right)^{1.15} \tag{1-6}$$

$$W_s = 1.27 U \xi^{0.56} \theta^{0.85} \mathrm{Fr}^{0.75} \left(\frac{d}{D_{50}}\right)^{-0.8} \tag{1-7}$$

式中，D_{50} 为中值粒径；d 为水深；U 为流速；$\xi = \frac{D_{OK} - D_{SK}}{D_{max} - D_{min}}$，其中 D_{max}、D_{min} 分别为床沙级配中的最大粒径与最小粒径，D_{OK}、D_{SK} 分别为床沙起动临界粒径与悬浮临界粒径，ξ 实际上是反映一定水流条件下的床沙活动百分数。

龙超平[16]、段文忠[17]、詹义正[18]及王士强[19]等人也进行了大量的研究，并相应提出了自己的公式。

1.2.5 沙波阻力研究

天然河床中普遍存在着沙波形态，沙波阻力对床面阻力的计算影响至关重要。目前沙波阻力采用两种方法计算：一种是建立沙波几何形态与沙波阻力的关系式，另一种是基于水流泥沙参数来研究沙波阻力。

许多学者借鉴明渠局部突然扩大或缩小的水头损失，认为沙波阻力大小与沙波几何形态有着密切的关系，试图建立沙波阻力系数 f''_b 与几何形态的关系式，如

Vanoni[20]、Chang[21]、Shen[22]、郭俊克[23]和段洪国[24]等人。

也有部分学者认为,沙波形态受到水流泥沙条件的影响,因此沙波阻力是水流泥沙的函数,并以此建立关系式,这里采取两种不同的方法:

(1)建立沙波阻力系数与水流泥沙的关系式。Einstein[25]首先提出$f''_b = f(\Theta')$,Θ'为无量纲的沙粒阻力,随后Shen等人[26]对上述关系进行了修正。Alam[27]采用能坡分割方法,在量纲的基础上建立了沙波阻力系数f''_b与沙粒弗汝德数$U/\sqrt{gd_{50}}$及相对糙率R_b/d_{50}的关系式,乐培九[28]、喻国良[29]等人也相应分析了沙波阻力与水流泥沙的关系。

(2)将Θ'(无量纲的沙粒阻力)与Θ''(无量纲的沙波阻力)联系起来,Engelund[30]在这一方面做了开创性的工作,并提出$\Theta' = f(\Theta)$,其中$\Theta = \Theta' + \Theta''$。White[31]利用实测资料,对Engelund[30]的关系式进行了相关的修正,Hayashi[32]、Brownlie[33]、乐培九[34]和范宝山[35]等人也提出了相应的修改公式。

1.3 河道沙波研究

实地观测作为一种研究沙波水流泥沙运动规律的最直接手段,能够准确地反映研究对象的真实变化规律,被许多学者所青睐。

黄进[36]自1975年10月至1978年9月,在广东北江石角水文站先后共进行了5次沙波测验,其中枯水期、洪水期各2次,中水期1次,历时65d,分别对两个大沙波的波峰推移率进行了测验,每个沙波重复测验2~9次不等。其后,还在东江及其支流响水河、增江、湖南流沙河及江西赣江等河流进行野外观测。

杨胜发等[37]根据筲箕背滩的多年实测资料、现场踏勘资料,结合历年整治方案,分析筲箕背滩卵石沙波形态以及运动特性。该研究认为筲箕背滩卵石运动强烈,卵石呈三维卵石沙波形式向下游输移;扯船槽、新槽、老槽等,目前为卵石沙波的波谷,但极有可能发展成波峰;卵石沙波运动较为缓慢。

王哲、陈中原[38]采用ADP流速仪、旁侧声呐和浅地层剖面仪对武汉以下长江主航道进行了走航式测量。该研究在封坝前,建立了长江中下游水下沙波微地貌的数据库,包括沙波的直观影像、代表性沙波的几何尺寸等。

Einstein将床面阻力分解为沙粒阻力和沙波阻力,并以美国10条细沙河流的资料为基础,根据水流的条件和输沙特性的相互关系提出了沙波阻力的计算图形。

Best曾在加拿大的弗雷则河进行野外实地观测,随后在试验室利用ADVP进行水槽试验比较两者的水流情况。Parsons和Best[39]于2004年在阿根廷的巴拉那河进行野外实地测量,主要研究了沙波三维特性对沙波形态以及水流流态的影响,并与诸多水槽试验结果进行对比分析。2005年,Best[40]利用图像技术在孟加拉的贾木纳河研究了沙波生成的漩涡的演变过程,并认为在到达水面之前,漩涡会保持马鞍形。

Harbor[41]在对密西西比河下游中AjaxBar等三个河段的研究当中,一般认为底床地貌的几何形态和规模尺寸是作用在河流边界上的力的函数。

Carling[42]在1991~1995年期间,对德国美因茨附近的莱茵河进行了实地调查研究,研究认为水底沙波形态受水流影响处于不断发展演变的过程,并提出如图1.5所示的沙波发展演变过程。

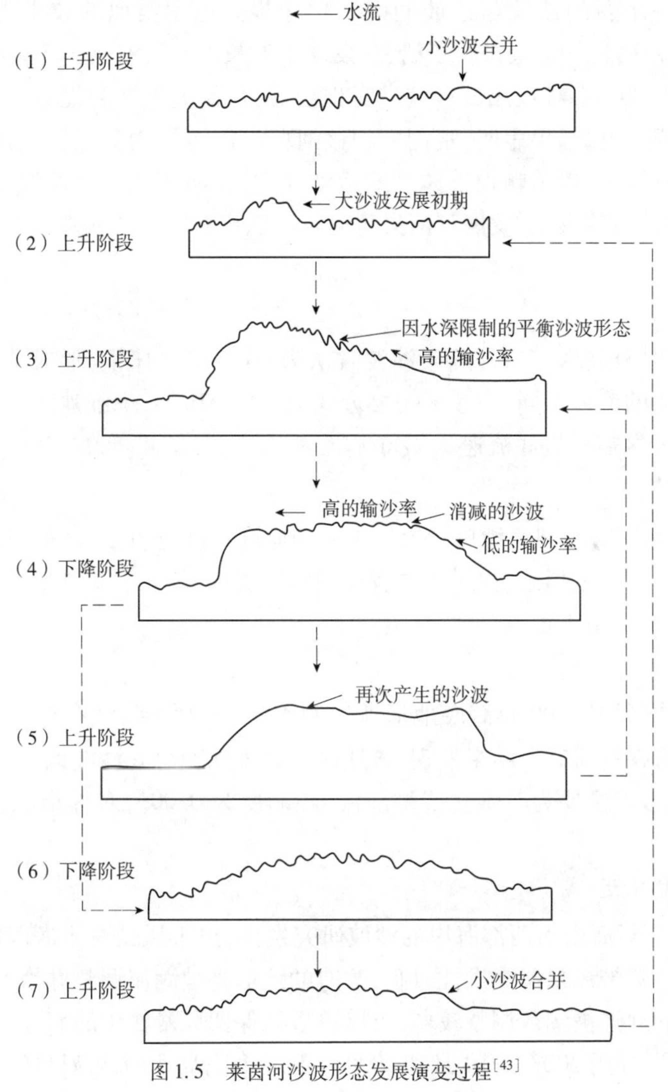

图1.5 莱茵河沙波形态发展演变过程[43]

1.4 河口、海岸沙波研究

1)长江河口区

华东师范大学河口海岸研究所在该地区做了大量的研究,处于领先地位。程和琴等人[43,44]在1997年枯季和1998年特大洪水后期运用旁侧声呐等仪器对南支—南港的床面形态进行了测量,提出了不同于Van den Berg and Van Gelder底形稳定相图的一个新的沙纹与沙波间的转化边界。运用类似的技术手段,杨世伦等[45]在长江口南支—南港进行了研究,发现了波长150m、波高3.5m的大型沙波。李九发[46]于2002年对长江口沙波进行现场观察,研究细颗粒泥沙的运动特性以及河床的组成情况,结果表明:观测期间该河段河床沉积物颗粒组成以细沙为主,分选较好;河床泥沙以单颗粒群体跳跃运动为主,在河床上形成沙波形态,并发育良好;其河床沙波的形成、发展和消失与河床沉积物粒度特征和涨落潮水流强弱息息相关。

2)珠江河口区

王尚毅[47]研究珠江口外陆架沙波时认为:在不同底床下,形成某一种大型规模沙波所需要的流速不同,中沙区需要近底流速5.07m/s,中细沙区需要近底流速5.07m/s,细沙区需要近底流速2.77m/s。

3)胶州湾

赵月霞等[48]对胶州湾湾口潮流作用下的海底沙波进行了探测,发现直脊形和新月形两种不同沙波形态,探讨了两者不同的潮流场,并认为新月形沙波处于不稳定阶段,而直脊形基本稳定。

4)莱州湾

李近元[49]利用2009年海底地形地貌调查资料,对莱州湾东部海底沙波的分布和形成进行探讨研究。结果发现:该地区发育大面积海底沙波地形,具有典型浪成沙波特点,沙波主要为二维直线型沙波,陡峭度为0.001,对称指数为1.2,对称指数较好。

5)海南岛附近

曹立华[50]对海南岛西部海岸的沙波研究发现,热带风暴对于海底沙波的塑造不亚于潮流。热带风暴是突发性过程,改造的地形将被潮流调整并恢复到常态,但水深较深处的地形被潮流调整较弱,可以更多地保留风暴作用的痕迹。

李泽文[51]利用2007年10月和2009年9月海南岛西南沙波区的测量数据,对近岸区和远岸区两个水深相差较大区域的沙波几何形态和沙波迁移速率做了对比分析。该研究认为:远岸区域沙波向西北方向迁移,近岸区域沙波向南迁移;沙波的迁移速率主要受底流流速和沙波波高控制,在两者的综合作用下,近岸区域沙波迁移速率小于远岸区域沙波迁移速率。

吴建政[52]对南海北部海底沙波采取底形相图参数近似计算和泥沙起动流速两种计算方法,发现其符合现代动力环境,并认为区内的沙波为现代沉积地貌而不是残留沉积。

本章参考文献

[1] Simons D B, Richardson E V. Forms of bed roughness in alluvial channels[J]. Transactions of the American Society of Civil Engineers, 1963, 128(1): 284-302.

[2] 张玮. 河流动力学[M]. 北京:人民交通出版社,2013.

[3] Allen J R L. Current ripples [M]. Amsterdam: North-Holland Pub. Co, 1968: 433.

[4] 钟亮. 河道形态阻力分形特征研究 [D]. 重庆:重庆交通大学,2011.

[5] 许栋. 明渠沙纹演化及其湍流动力特性试验研究[D]. 天津:天津大学,2005.

[6] 赵连白,袁美琦. 沙波运动规律的试验研究[J]. 泥沙研究,1995,1: 22-33.

[7] 毛野,张志军. 明渠紊流拟序结构及其与泥沙运动相互作用的研究综述[J]. 河海大学学报: 自然科学版,1999,27(4): 24-29.

[8] 毛野,袁新明. 沙波附近紊流拟序结构特性初步研究[J]. 河海大学学报: 自然科学版,2002,30(5): 56-61.

[9] Bai Y C, Andreas M A, Jiang C B. A linear theory for disturbance of coherent structure and mechanism of sand wave in open channel flow[J]. International Journal of Sediment Research, 2001, 15(2): 234-243.

[10] Kennedy J F. The mechanics of dunes and antidunes in erodible-bed channels [J]. Journal of Fluid Mechanics, 1963, 16(04): 521-544.

[11] Kennedy J F. The formation of sediment ripples, dunes, and antidunes[J]. Annual Review of Fluid Mechanics, 1969, 1(1): 147-168.

[12] 郑兆珍,王尚毅. 沙纹的成因计算[J]. 水利学报,1985(1): 39-43.

[13] 张柏年. 长江沙波运动的基本规律[R]. 长江流域规划办公室汉口观测报告, 1960.

[14] 武汉水利水电学院. 河流动力学[M]. 北京:中国工业出版社,1961.

[15] 赵连白,袁美琦. 沙波运动规律的试验研究[J]. 泥沙研究,1995(1): 22-33.

[16] 长江河道研究成果汇编[C]. 武汉:长江科学院,1987.

[17] 段文忠. 沙波尺度和运动速度与水力泥沙因素的关系[J]. 武汉大学学报(工学版),1988,4: 008.

[18] 詹义正,余明辉,邓金运,等. 沙波波高随水流强度变化规律的探讨[J]. 武汉大学学报: 工学版,2007,39(6): 10-13.

[19] 王士强. 沙波运动与床沙交换调整[J]. 泥沙研究,1992(4): 14-23.

[20] Vanoni V A, Hwang L S. Relation between bed forms and friction in streams[J]. Journal of the Hydraulics Division, 1967, 93(3): 12-144.

[21] Chang F F M. Ripple concentration and friction factor[J]. Journal of the Hydraulics Division, 1970, 96(2): 417-430.

[22] Shen H W, Fehlman H M, Mendoza C. Bed form resistances in open channel flows[J]. Journal of Hydraulic Engineering, 1990, 116(6): 799-815.

[23] 郭俊克,惠遇甲. 沙垄阻力的理论分析与试验研究[J]. 水动力学研究与进展: A 辑,1990,5(1): 1-12.

[24] 段国红,王桂仙. 不同重率轻质沙的床面形态和阻力的试验研究[J]. 泥沙研究,1994 (2): 112-119.

[25] Einstein H A, Barbarossa N L. River channel roughness[J]. Transactions of the American Society of civil Engineers, 1952, 117(1): 1121-1132.

[26] Shen H W. Development of bed roughness in alluvial channels[J]. Journal of the Hydraulics Division, ASCE, 1962, 88(HY3): 45-58.

[27] Alam A M, Kennedy J F. Friction factors for flow in sand-bed channels[J]. Journal of the Hydraulics Division, 1969.

[28] 乐培九,李献忠. 沙波阻力问题的研究[J]. 水道港口,1989,1: 1-7.

[29] 喻国良,郑丙辉. 冲积河床的河床阻力[J]. 水利学报,1999 (4): 1-9.

[30] Engelund F. Hydraulic resistance of alluvial streams[J]. Journal of the Hydraulics Division, 1966, 98: 315-326.

[31] White W R, Paris E, Bettess R, et al. The frictional characteristics of alluvial streams: A new approach[C]//ICE Proceedings. Thomas Telford, 1980, 69(3): 737-750.

[32] Hayashi, Taizao. Alluvial bed forma and roughness[J]. NSF Sediment Research Workshop San Francisco, American, 1986(12): 15-16.

[33] Brownlie W R. Flow depth in sand-bed channels[J]. Journal of Hydraulic Engi-

neering,1983,109(7):959-990.

[34] 乐培九,闫金祥. 长江中下游阻力估算公式的选择[J]. 水道港口,1992 (2):16-21.

[35] 范宝山. 泥沙输移的理论研探[J]. 泥沙研究,1995(3):72-78.

[36] 黄进. 广东省北江石角水文站沙波测验与推移量计算[J]. 泥沙研究,1993(2):48-56.

[37] 杨胜发,王涛,赵晓马. 筲箕背卵石急滩碍航特征以及卵石沙波形态分析[J]. 水运工程,2008 (11):69-74.

[38] 王哲,陈中原,施雅风,等. 长江中下游 (武汉-河口段) 底床沙波型态及其动力机制[J]. 中国科学:D 辑,2007,37(9):1223-1234.

[39] Parsons D R,Best J L,Orfeo O,et al. Morphology and flow fields of three-dimensional dunes,Rio Paraná,Argentina:Results from simultaneous multibeam echo sounding and acoustic Doppler current profiling[J]. Journal of Geophysical Research:Earth Surface (2003—2012),2005,110(F4).

[40] Best J L. Kinematics,topology and significance of dune-related macroturbulence:some observations from the laboratory and field[J]. Fluvial sedimentology VII,2005,35:41-60.

[41] Harbor D J. Dynamics of bedforms in the lower Mississippi River[J]. Journal of Sedimentary Research,1998,68(5).

[42] Carling P A,Williams J J,Golz E,et al. The morphodynamics of fluvial sand dunes in the River Rhine,near Mainz,Germany. II. Hydrodynamics and sediment transport[J]. Sedimentology,2000,47(1):253.

[43] 程和琴,李茂田. 长江口水下高分辨率微地貌及运动特征[J]. 海洋工程,2002,20(2):91-95.

[44] 程和琴,李茂田. 1998 长江全流域特大洪水期河口区床面泥沙运动特征[J]. 泥沙研究,2004 (1):36-42.

[45] 杨世伦,张正惕,谢文辉,等. 长江口南港航道沙波群研究[J]. 海洋工程,1999,17(2):79-88.

[46] 李九发,陈小华,万新宁,等. 长江河口枯季河床沉积物与河床沙波现场观测研究[J]. 地理研究,2003,22(4):513-519.

[47] 王尚毅,李大鸣. 南海珠江口盆地陆架斜坡及大陆坡海底沙波动态分析[J]. 海洋学报,1994,16(6):122-132.

[48] 赵月霞,刘保华,李西双,等. 胶州湾湾口海底沙波地形地貌特征及其活动性

研究[J]. 海洋与湖沼,2006,37(5):464-471.

[49] 李近元,范奉鑫,徐涛,等. 莱州湾东部沙波地貌分布特征及其形成演化[J]. Marine Sciences,2011,35(7):51.

[50] 曹立华,杜逢超,庄振业. 南海湄公河水下三角洲上大沙丘的分布特征[J]. 海洋地质前沿,2012,28(9):1-7.

[51] 李泽文,阎军,栾振东,等. 海南岛西南海底沙波形态和活动性的空间差异分析[J]. 海洋地质动态,2010,26(7):24-32.

[52] 吴建政,胡日军,朱龙海,等. 南海北部海底沙波研究[J]. 中国海洋大学学报:自然科学版,2007,36(6):1019-1023.

第2章 ▶ 沙波水流泥沙试验研究

沙波泥沙起动是沙波运动的基本性质之一,泥沙起动流速也是研究泥沙运动的基础。目前,针对沙波上群体泥沙运动以及水流特征的研究较多,而对于其起动规律的认识还有待于提高。由于沙波上泥沙起动的复杂性,对其研究方法的选择就显得非常重要。纵观流体力学几百年的发展历史,其重大进展都与流体运动试验研究密切相关。1885 年,Reynolds 完成的流动显示试验让人们了解了层流和紊流的本质区别,而热膜(热丝)流速仪加深了人们对紊流内部结构的理解。20 世纪 60 ~ 70 年代的氢气泡测速揭示了紊动猝发的相干结构,代表了流体力学研究的重大进展。要想深入了解、研究沙波上泥沙起动的规律,试验研究是最为有效的手段之一。

本章主要根据泥沙动力学理论,初步选取影响不同坡度沙波上泥沙起动的主要参数,并选取典型试验条件,有针对性地进行不同坡度沙波上泥沙起动试验设计。

2.1 沙波水槽试验研究现状

水槽试验是目前研究沙波水流常用的手段,获得的研究成果也最为丰富,表 2.1 列举了近年来主要的沙波水槽试验。

从表 2.1 中可以看出,随着研究的不断开展,所采用的试验设备和测量手段也越来越先进,从最初的毕托管到现在常使用的 ADV、LDV 及 PIV,人们对沙波水流的各项认识也更进了一步。最初人们利用水槽研究沙波阻力,后已渐渐开始了解沙波上水流泥沙的微观运动。

James C S[16] 利用概化三角形沙波,研究了水面线、压力、回流区长度以及切应力等沿程分布规律。Ram Balachandar[23] 利用 LDV 的实测数据,研究了不同相对水深下流速、紊动能量以及回流区长度等参数的变化规律。唐小南和窦国仁[13] 利用测得的沿程和垂线上的速度分布,分析得到沙波河床的水流速度分布规律、沙波当量与相应的理论床面。毛野等[17] 在底部为定床沙波的循环水槽中,采用流场综合分析法,将流动显示与计算机图像处理相结合进行系统试验研究,重点研究了紊流猝发形态和特性。Maddux[22]在水槽中利用不规则人工沙波进行静床试验，研究三维沙波上的平均流速和紊流结构。

近年来进行的沙波试验　　表 2.1

作　者	时间	波长 （m）	波高 （m）	休止角 （°）	相对水深	水槽宽 （m）	水深 （m）	平均流速 （m/s）	测量手段
Vanoni & Nomicos	1960	0. 11	0. 022		3. 95	0. 267	0. 087	0. 375	毕托管
Raudkivi[1]	1963	0. 386	0. 025 （0. 022）	29	3. 04 （3. 45）	0. 076	0. 123	0. 299	毕托管、测压计
Raudkivi[2]	1966	0. 386	0. 025	29	3. 04	0. 076	0. 126	0. 299	毕托管、恒温流速仪
Vanoni & Hwang[3]	1967	0. 162 （0. 168）	0. 016 （0. 015）	26	3. 38 （4. 87）	0. 267	0. 070 （0. 073）	0. 228 （0. 381）	毕托管、测压计
Rifai & Smith[4]	1971	0. 51	0. 051	30	5. 98 （5. 45）	0. 381	0. 305 （0. 278）	0. 576	恒温流速仪
Mc Corquodale & Giratalla[5]	1973	0. 064	0. 0048	90	26. 68	0. 127	0. 127	0. 229	恒温流速仪、测压计
		0. 089	0. 0106	30	11. 98	0. 127	0. 127	0. 229	
Vittal, Ranga Raju & Garde[6]	1997	0. 6	0. 03	30	20		0. 6		毕托管、测压计
		0. 45	0. 03	30	20				
		0. 306	0. 03	30	20				
		0. 015	0. 03	30	20				
Itakura & Kishi[7]	1980	0. 3	0. 015	30	4. 3	0. 1	0. 064	0. 32	恒温流速仪
Fehlman[8]	1985	0. 915	0. 137	30	1. 61 ~ 2. 36	0. 61	0. 221 ~ 0. 323	0. 147 ~ 0. 653	毕托管
		0. 915	0. 137	30	1. 61 ~ 2. 36	0. 61	0. 221 ~ 0. 323	0. 147 ~ 0. 534	
Van Mierlo & De Ruiter[9]	1988	1. 6	0. 08	28	3. 15	1. 5	0. 252	0. 394	LDA
		1. 6	0. 08	28	4. 18	1. 5	0. 334	0. 513	
Nelson & Smith[10]	1989	0. 8	0. 04	30	5	0. 7	20	0. 5	LDA
Wiberg & Nelson[11]	1992	0. 16	0. 02	30	11	0. 7	0. 22	0. 38	LDA
		0. 16	0. 02	30	6	0. 7	0. 12	0. 43	
					11	0. 7	0. 22	0. 4	

续上表

作　者	时间	波长（m）	波高（m）	休止角（°）	相对水深	水槽宽（m）	水深（m）	平均流速（m/s）	测量手段
Nelson, Mclean & Wolfe[12]	1993	0.16	0.02	30	9.75 ~ 11.00	0.7	0.195 ~ 0.22	0.32 ~ 0.51	LDA
		0.8	0.04	30	3.00 ~ 5.50	0.7	0.12 ~ 0.22	0.4 ~ 0.43	
唐小南、窦国仁[13]	1993	0.115	0.007	35		0.15			LDA
		0.13	0.013	39.1		0.15			
		0.8	0.01	35.5		0.15			
Mclean, Nelson & Wolfe[14]	1994	0.8	0.04	30	5.25	0.9	0.21	0.482	LDA、声学流速剖面仪
		0.8	0.04	30	3.95	0.9	0.158	0.377	
		0.8	0.04	30	13.65	0.9	0.546	0.284	
Bennett & Best[15]	1995	0.63	0.04	30	2.5	0.3	0.1	0.57	LDA
CS James & CFG Cottino[16]	1995	0.75	0.045	30	2 ~ 4.2	0.38	0.1 ~ 0.19		
		0.9	0.045	30		0.38			
		1.125	0.045	30		0.38			
		1.5	0.045	30		0.38			
毛野[17]	2002	0.04	0.005			0.145			PIV、氢气泡流场显示仪
		0.04	0.01			0.145			
B. S. Hyun, R. Balachandar, K. Yu & V. C. Pate[18]	2003	0.4	0.02	28	0.61	5	0.1		PIV、LDV
Best[19]	2005	0.63	0.04	30	2.3	0.3	0.093	0.44	PIV
Ceyda Polatel[20]	2006	0.4	0.02	27	3.0 ~ 5.0	0.61	0.06 ~ 0.10	0.369 ~ 0.425	LDV、LSPIV
白玉川[21]	2007	0.15	0.4			0.6		0.32	ADV
本书试验	2014	4	0.3	27	0.7 ~ 1.2	1	0.28 ~ 0.37	0.25 ~ 0.34	ADV
		4	0.4	34		1			

以上主要针对沙波水流的水力特性进行研究，我国一些学者针对沙波上泥沙运动规律也展开了相应的水槽试验研究，如白玉川[21]在分析沙波床面紊流结构和特点的基础上，根据观察指出了沙波上不同位置的泥沙运动特点。目前主要针对相对水深较大的情况下对背流面紊流结构和雷诺切应力等进行研究，而针对水深较小情况下迎流面上流速沿程分布规律的研究较少，需进一步展开。

2.2　沙波水槽试验系统组成

试验采用交通运输部天津水运工程科学研究院大型变坡水槽系统，该系统可以完成自动供水、加沙、测控等试验任务。多功能变坡水槽试验系统其结构组成包括水槽主体、控制系统和测量系统三部分，其中水槽部分为主体结构，控制系统为水槽提供自动化控制，测量系统用于水槽试验数据的采集和处理。

2.2.1　高精度变坡水槽

水槽的规格为长83m，宽1.0m，高0.8m，最大水深0.7m，变坡范围为0～1%，浑水的浓度为150kg/m^3。槽身玻璃选择钢化玻璃，厚度为20mm，变坡水槽的表面精度为1mm，如图2.1所示。主要的供水加沙测控系统包括水槽三维仿真综合控制程序、供水加沙处理程序和测量控制程序等部分，能够完成恒定流和非恒定流等水流条件及推移质、悬移质等各种泥沙的基础试验研究，所装备的测控系统均达到国际领先水平。

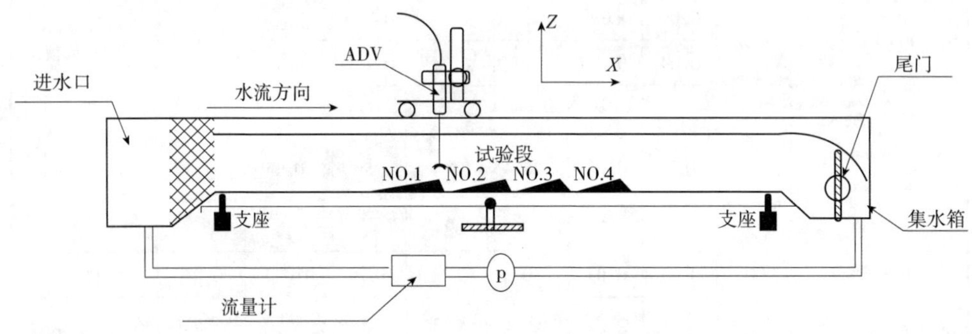

图2.1　试验水槽布置

2.2.2　控制系统

控制系统主要用于对水槽的控制，包括升降控制、供回水控制、悬移质加沙控制和三维显示四部分。

(1)升降控制:进行机械变坡段的水槽,其升降系统主要包括动力系统、水平传动系统、垂直升降系统和控制系统软件几大部分。水槽使用一台电机减速器输送动力,根据升降机与水槽铰支点的距离,调整其转速来保证水槽各段升降的比例,以使得支撑水槽的全部升降机同步工作,同时水槽的各个升降支撑点同时受力。水槽中部为固定铰固定,使水槽上游和下游行成一上一下的运动,以保证运行过程中不受轴向力的影响,也保证了在径向不产生位移。

(2)供回水控制:通过电磁流量计实时采集水泵流量信息,并将反馈信息送变频器进行实时调节,以达到改变流量的目的。通过 PID 算法实现流量的精确与自动控制。

(3)悬移质加沙控制:通过一台控制计算机,辅以超声投入式、带温度补偿功能的含沙量计 2 台,实现悬移质加沙量的自动控制。超声浓度计利用水中谷底悬浮物对超声波的衰减,测量悬浮物浓度,性能可靠,安装方便。

(4)三维显示:水槽三维仿真测控系统是将项目水槽置于三维测控系统下,进行全功能的实时控制以及场景和实测数据的三维显示的系统,实现了测控过程的仿真化、过程及结果数据的三维可视化。

2.2.3 量测设备

(1)水位测量:采用高速水位自动测量系统,选用适用于清水和浑水的恒定流或非恒定流的超声波水位测量设备,同步采集水面变化,采集频率快、测量精度高,性能稳定可靠。测量范围在 1m 左右,采集频率大于 10Hz,测量误差小于 0.2mm,水上测量,不干扰水体。

(2)流速测量:本试验速度值采用 Vectrino 声学多普勒点式流速仪测量,如图 2.2 所示。Vectrino 是目前世界上性能指标最先进的高精度三维点式流速仪,主要用来测量三维流速的快速变化,可用于紊流、边界层、碎波带测量,也可用于极低流速的测量。其采用声学多普勒测量原理,测量数据精度高,精度达到测量值的 ±0.5% 或 ±1mm/s;具有体积小、测量噪声小、探头更换简便且自身造成的阻流扰动较小、有助于提高测量紊流性能和采样率的特点,非常适合复杂水流结构的流速测量。

(3)流量测量:在初步调试均匀流时,采用大水槽自带流量控制系统。由于电子流量计的精度值得商榷,且不是通过试验断面的有效控制流量,所以流量处理拟根据 ADV 实测数据,在测量出过水断面尺寸基础上,计算出相对应的流量作为有效标准控制流量。

a)探头

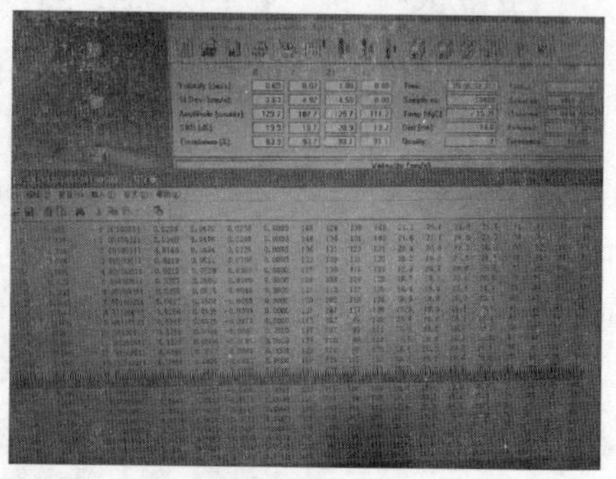

b)数据采集界面

图 2.2　Vectrino 声学多普勒点式流速仪

2.3　沙波泥沙起动标准

目前,泥沙起动流速(或起动剪应力)的公式已有上百个,泥沙的起动条件与泥沙起动标准有关。

2.3.1　起动标准的判别方法

从 19 世纪开始,研究者就开始应用经典力学对泥沙的受力进行分析。从物理概念来说,泥沙的起动是受力不平衡导致的,这是力学上的必然性。但由于河床表面是由不同大小、形状、密度的泥沙无序地排列形成的,这些因素在床面上都是一个随机变量。同时水流本身也具有脉动性,它作用在泥沙上面的力也是一个随机变量。在同一地点,同一颗泥沙在不同时刻的受力情况也是不一样的,因此泥沙的起动具有随机性。由于泥沙所处床面的不同和水流的随机性,因此床面上泥沙的动与不动,具有随机性。目前对起动标准的判断主要有定性和定量两种。

在定性描述上,Kramer[24] 把推移质的运动分为 4 个阶段:

(1)无泥沙运动:床面泥沙全部处于静止状态,无颗粒起动。

(2)轻微的泥沙运动:在床面上仅有屈指可数的细颗粒泥沙处于运动状态。

(3)中等强度的泥沙运动:河床上各处平均粒径以下的泥沙都在运动,运动强度已大到无法计算的程度。

(4)普遍运动:各种大小的颗粒均已投入运动,床面形态改变。

这些标准是难以进行明确判定的,即便是同一标准也因人而异,因此观测标准本身有随机性。为了使泥沙起动的判别能有某种定量标准,许多学者对此从以下三个不同的角度进行了研究:

(1)以起动概率作为泥沙起动的标准。窦国仁[25]考虑到水流的脉动,但不考虑床沙粗细及相对位置,以近底流速 u_b 为水力指标,提出了与 Kramer 推移质泥沙运动三种状态相应的起动概率,即个别起动、少量起动及大量起动,其相应的起动概率 p 分别为:

个别起动 $$p_1 = p(u_b > u_c = \overline{u_c} + 3\sigma_{u_b} = 2.11\overline{u_c}) = 0.00135 \tag{2-1}$$

少量起动 $$p_2 = p(u_b > u_c = \overline{u_c} + 2\sigma_{u_b} = 1.74\overline{u_c}) = 0.0227 \tag{2-2}$$

大量起动 $$p_3 = p(u_b > u_c = \overline{u_c} + \sigma_{u_b} = 1.37\overline{u_c}) = 0.159 \tag{2-3}$$

式中,u_b 为近底流速;$\overline{u_c}$为时均起动底流速;σ_{u_b}为脉动底流速的均方差,取一个起动概率作为判别泥沙起动的标准。

刘春嵘等[26]提出了一种适合于复杂流动下泥沙起动概率的图像测量法,该方法对床面上沙颗粒的运动图像进行采集,根据采集到的图像采用互相关算法计算出沙颗粒的运动速度,由沙颗粒运动速度得到泥沙的起动概率,但该方法目前只适用于床面形状比较平坦的泥沙起动概率的测量。

(2)以颗粒数作为泥沙的起动标准。Yalin[27]从起动强度出发,提出了起动颗粒数为量化指标的判断标准:

$$\varepsilon = \frac{m}{At}\sqrt{\frac{\rho D^5}{\gamma_s - \gamma}} \tag{2-4}$$

式中,m 为在时间 t 内,从床面面积 A 范围内冲刷外移的泥沙颗粒数。对于各种粒径的泥沙应该取一个统一的运动强度 ε。在进行两种比重相同、粒径相差10倍的泥沙起动试验时,为使两组试验的 ε 相等,粒径较细的那一组试验的 m/At 必须为粒径较粗一组的 $10^{\frac{5}{2}}$倍。

(3)以输沙率作为泥沙的起动标准。美国水道试验站曾规定以推移质输沙律达到 $14\text{cm}^3/(\text{m}\cdot\text{min})$作为起动标准。Tayler[28]通过平坦沙质床面的水槽试验,经分析提出了无因次输沙率起动的量化标准:

$$\frac{q_b}{\gamma_s u_* D} = 0.02 \tag{2-5}$$

式中,q_b 为单宽输沙率;u_* 为摩阻流速。

韩其为[29]采用相对输沙率作为起动标准,研究了长江、万县、宜昌等野外测站资料及多方室内资料,提出非均匀沙的起动标准,建议在水槽试验中取$\overline{v_b}/w = 0.433$,在野外沙质河道中取$\overline{v_b}/w = 0.55$ 作为起动标准,$\overline{v_b}$为平均底流速,w 为泥沙沉降速度。

还有一种通常的做法是:通过对试验或实测数据的整理,绘制出单宽推移质输沙

率 g_b 与断面平均流速 U 或床面切应力 τ_b 的关系曲线,然后外延曲线至 g_b 为 0 的地方,把对应的 U 或者 τ_b 作为判别起动的标准。这种方法认为泥沙起动时输沙率为0,这其实是没有实际意义的。上述研究中,无论从哪个指标进行量化,起动标准都建立在形成了一定泥沙输移的基础上。

定性的起动标准在实际操作中容易被采用,但受观察者个人主观性的影响很大,结果因人而异,可重复性较差;对于定量的标准,各研究者提出的量化指标也是根据自身试验条件,从不同角度得到的不同结果,这就削弱了各方研究成果的可比性。以输沙率作为泥沙起动标准的方法适用于槽道流动,但不适用于复杂流动;而以起动概率作为泥沙起动标准的方法既适用于槽道,又适用于复杂流动。

2.3.2 试验起动状态的判别

本试验结合 Kramer[24] 定性起动标准,但为了尽量避免观察者主观性带来的误差,采用了颗粒数的量化值来判断泥沙的起动状态。具体方法:通过在试验段侧边抛撒一定数量的散粒泥沙,以观测在两分钟的时间内通过试验段一定距离的泥沙数量来进行判断。

2.4 试验工况确定

2.4.1 试验的工况条件

从不同坡度沙波泥沙的运动角度来看,影响泥沙起动的坡面条件包括坡长、坡度、坡面泥沙的粒径及组成情况等;动力条件因素包括流量、波浪等。初步采用较为简单的均匀沙坡面情况进行研究,坡面条件的主要因子有坡度 θ 和泥沙粒径 D,动力条件的主要因子为流量 Q。因此,初步选用不同坡度沙波泥沙起动试验的主要参数为坡度 θ、泥沙粒径 D 和流量 Q。

1)概化规则沙波设计

由于天然河道中沙波的运动速度相对于水流运动速度较小,所以采用静床试验。虽然与现实中沙波的真实运动存在差异,但能够减小在动床试验中存在的测量困难,并且可以加深对不同坡度沙波上水流运动规律的认识。根据 Smith 和 McLean[30,31] 的实地测量研究:当泥沙以悬移质运动为主的时候,沙波呈瘦长对称结构;当泥沙以推移质运动为主的时候,沙波呈非对称结构。本书旨在研究以推移质运动为主的沙波上的水流运动规律,故选取一系列非对称人工沙波布置在水槽中。

对沙波运动规律的研究已有半个多世纪的历史。沙波运动的研究，最早由 Kennedy[32] 系统提出沙波形态的分类，即按照水流强度的大小，依次经历平整—沙纹—沙垄—动平整—逆行沙垄—阶梯深潭等形态，并对各个形态的特征和判别条件进行了详细阐述。就一个沙波纵剖面而言，其迎流面坡度较平缓，背流面坡度较陡。但在不同阶段，沙波的纵剖面却不尽相同，沙波一直处于发展阶段，很难对整个沙波运动过程进行模拟。试验根据一般的沙波纵剖面形态特征，采用迎流面平缓、背流面陡的三角形单元作为沙波形态的概化模型，来反映沙波河床上的水流运动规律，且沙波运动具有两个显著特点[13]：

(1) 沙波是水流河床相互作用的产物。沙波河床起伏不平，致使靠近河床的水流发生变速现象；而流速沿沙波面变化的结果，一方面促使沙波被不断地顺流运动，另一方面促使沙波基本上得以保持其原有的尺度。因而沙波河床与水流之间显然存在着相互依赖、相互制约的关系。

(2) 所谓沙床“稳定”“平衡”是相对的，不稳定、不平衡才是绝对的。也就是说，沙波总是处于不断运动和发展的过程中。

描述沙波几何特征的基本量为波长 λ、波高 h。M. S. Yalin[33] 分析指出：沙垄与水深有关，而沙纹与之无关，并分析得出：

沙纹
$$\frac{h}{\lambda}=\frac{1}{20}\sim\frac{1}{5} \tag{2-6}$$

沙垄
$$\frac{h}{\lambda}=\frac{1}{30}\sim\frac{1}{10} \tag{2-7}$$

根据上式来选择沙波模型的 h/λ 值；至于沙波背流面的倾角，通常认为其与泥沙的水下休止角（约 31°～40°）相等。故选取沙波模型的平均波长为 4m，波高分别为 0.3m 与 0.4m，波陡 h/λ 分别等于 0.75 与 0.10，这与 Gabel SL[34]、Julien PY[35] 以及杨胜发[36] 等实际野外测量结果相一致。根据以上数据，确定沙波纵剖面，其形状及参数详见表 2.2。

沙波形状及其参数　　　　表 2.2

编号	h(m)	λ(m)			β(°)	$\frac{h}{\lambda}$	沙波剖面形态
		a	b	合计			
1	0.3	3.40	0.60	4.00	26.56	0.075	（三角形剖面示意图：h、β、a、b、λ）
2	0.4	3.40	0.60	4.00	33.69	0.100	

2）泥沙粒径的选择

试验采用的天然沙（密度为 2 650kg/m^3），共分为 0.5mm、0.7mm 两组不同粒径组次的泥沙，通过固定流量、调节水深的方法，观测坡面上泥沙的起动状态，确定不同坡度起动状态下的试验水深、流量及断面垂向流速分布。

2.4.2 试验布置

1）水槽的布置

为确保来流为恒定均匀流，试验段布置在距进口 35m 的变坡水槽中游，长 16m，最大试验水深 0.36m（距理论床面的高度），试验段距下游出口 32m。为保证试验条件跟实际情况相似，减少上下游水流流态及糙率等影响，在水槽中共布置 4 座沙波以供测量（图 2.3）。

图 2.3 试验布置

2）床沙的铺设

为减小边壁影响，使得水流流态尽可能地与真实情况接近，测量段采用挖槽铺沙法进行试验，图 2.4 为铺沙前后的图片。挖槽的宽、深分别为 20cm 和 2cm，铺沙完成后，泥沙表面与周围混凝土面齐平。近、出口段用试验沙进行水泥砂浆抹面。

3）加沙的位置和方法

整个试验过程采用水槽自带的自动控制加沙系统（每次加沙量一样，需人为调整加沙的频率），加沙位置位于水槽入口处，即距离测量区上游约 20m 处。

在试验段进口处，采用人工散布试验泥沙颗粒，根据水流强度来调整加沙数量，使得上游泥沙处于动态平衡。通过 ADV 测量系统在固定的 t 时间段内，根据泥沙输移的速度进而调整投放泥沙的频率。

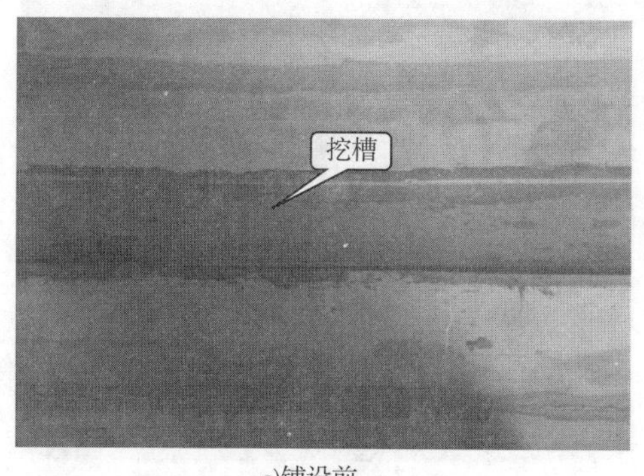

a)铺设前

b)铺设后

图 2.4 床沙的铺设

4)测点的选择

当水流流经沙波时,因受沙波地形影响,水流产生剧烈变化。沙波水流一般被分为 5 个主要区域(图 2.5):波峰处水流加速区、背流面漩涡区、减速尾流区、水面外区、内部边界层。根据 Satya[37] 研究结果,再附着点距离上个波峰的距离 $L = 4.9h$,本试验中,$L = 1.47 \sim 1.96\text{m}$。由于回流区存在漩涡结构,水流相对紊乱。本章重点为迎流面再附点后的水流流态特征,该处流线贴近沙波表面向前移动,流线较为顺直。所以,试验中单个波周期流速初始测量断面选取在距前一个波峰 2.3m 处的位置,即迎流面高度为波高一半的位置处,以期减小涡流结构的影响,其他测点位置见图 2.5 和图 2.6。

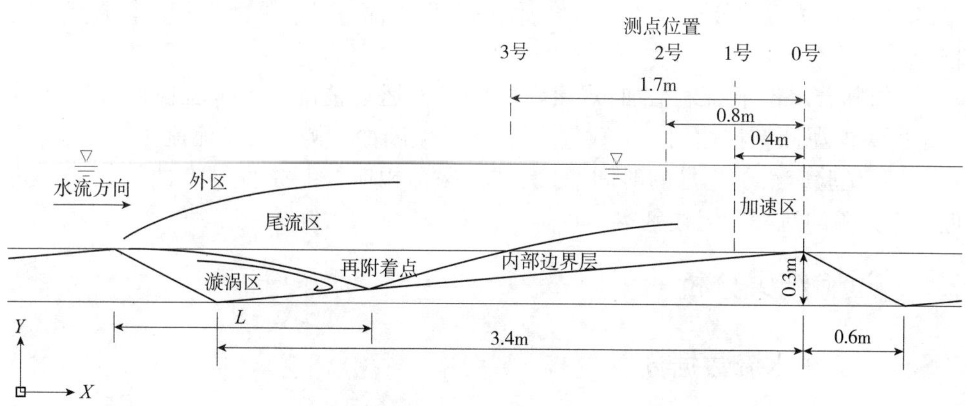

图 2.5 沙波上水流流态及测点位置

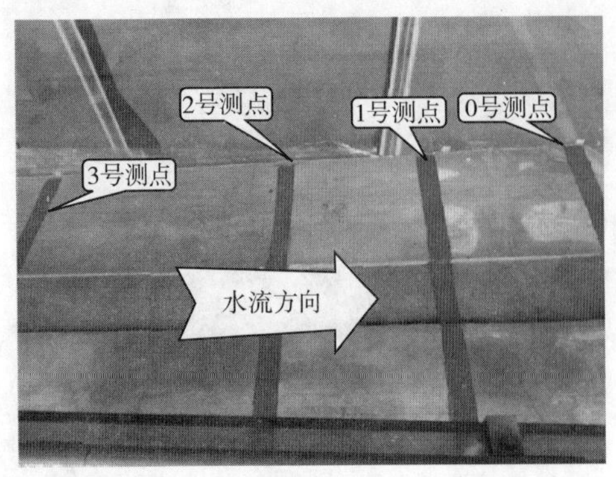

a)单个沙波

b)整个沙波

图 2.6　水槽中测点位置

2.4.3　试验进程

非黏性粗颗粒均匀沙起动研究共进行了 2 种泥沙颗粒粒径和 2 种坡度的组合试验,初步共计 66 组试验。尽管每一个组次试验的控制因素不一样,但试验流程基本一致,所以在此以一组试验的情况为特例进行详细介绍。

(1)先将整个测量区域挖槽处铺设 2cm 厚度的沙样 A。

(2)在试验开始之前,先用喷壶将铺沙区域的沙样喷水,直到整个区域湿润为止。

(3)在注入水流之前,先关闭尾门,起动电磁流量计使得流量大概为 3L/s,这样做的目的是避免较强的水流冲刷床面、防止目标流量过大。等到整个玻璃水槽水位雍起以后,再调整流量计读数,以增大水泵供应流量,同时慢慢地开启尾门。观察试验区域泥沙的起动情况,随着流量增大,开始调整 ADV 测量系统。等到流量稳定之后,缓缓调节尾门的开启度,使得沿程水深一致,并最终使整个水槽形成较为稳定的水流。

(4)随着水位不断地增加,观察泥沙颗粒的运动情况。当试验段两分钟通过一定距离的泥沙颗粒达到一定数量后,记录沙波断面上测点的水流流速。

(5)试验应给予充足的时间,每次试验保存相应控制条件等方面的数据。其他组次试验的流程和上述基本一致。

2.5　试验结果分析

2.5.1　实测水流数据分析

1)平坡上流速分布规律

在进行沙波水槽试验前,先进行了 2 组平坡水槽试验研究。图 2.7 所示为水槽坡度为 0，流量分别为 100L/s 和 110L/s 两种情况下测得的断面流速分布。考虑到以往研究泥沙起动中均采用指数流速分布公式，同时为了增强公式的实用性，故采用指数流速公式。由图 2.7 中可知，指数垂线流速分布公式的计算值在接近水面处略大于实测值，整体而言计算值与试验数据吻合良好。在下文分析中，指数流速分布公式将作为均匀流下的断面流速垂线分布规律，以供分析对比使用。

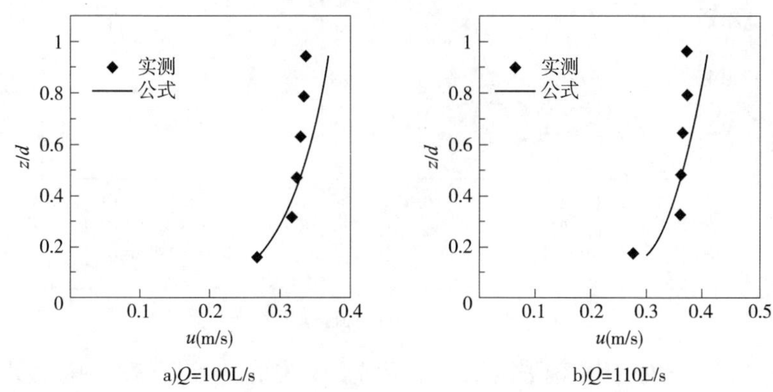

图 2.7 平坡上垂向流速分布规律

2）不同水深下流速分布变化规律

图 2.8、图 2.9 所示分别是在波陡 h/λ 为 0.075 和 0.100 两种条件下测得的垂线流速分布。图中散点为实测数据，实线为指数流速分布曲线。由图 2.8 可知，流速由底向上不再是单一递增趋势，而是先增加后减小再增加，整体分布呈"S"形；实测底部流速大于指数流速，水面流速小于指数流速。沙波迎流面水流流态为非均匀流，受背流面涡流结构和尾流区紊流的影响，流速垂线分布较为复杂，利用指

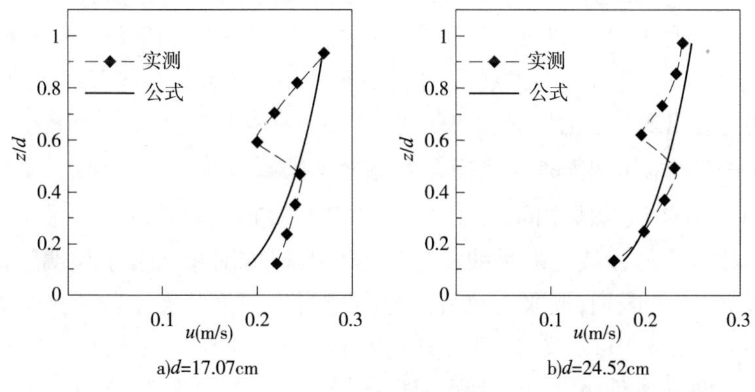

图 2.8 $h/\lambda=0.075$ 时流速垂向分布

数分布已不能准确描述该分布规律,需根据沙波流态特征建立适合描述沙波流速垂线分布规律的关系式。

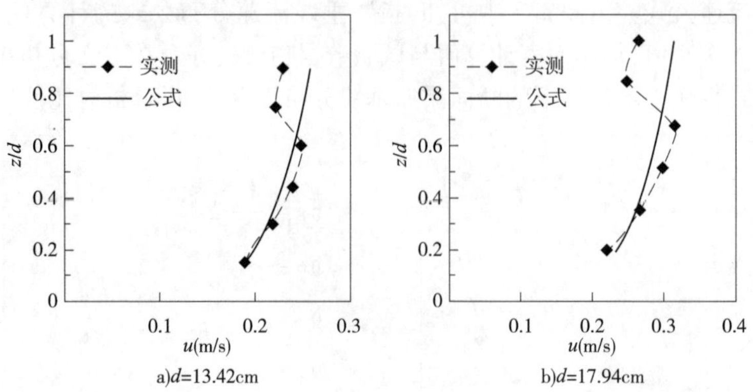

图 2.9　$h/\lambda=0.100$ 时流速垂向分布

由于 3 号沙波处于试验段中间,受上下游影响较小,与实际情况中沙波水流流态最为接近,故选取 3 号沙波 1 号测点的垂线流速数据作为研究对象。为了说明沙波流速垂线分布与均匀流的区别,选取指数流速分布作为均匀流状态下的流速分布进行对比分析。图 2.8 和图 2.9 表明,实测和计算数据存在一个"交点",可认为是次生流的中心点,由于该处流速为零,所以对水流垂线分布不产生影响。由图 2.8 可知:当水位在 17.07cm 时,交点垂向位置 $z/d\approx0.48$;当水位在 24.52cm 时,交点垂向位置 $z/d\approx0.53$。由图 2.9 可知,当水位在 13.42cm 时,交点垂向位置 $z/d\approx0.65$;当水位在 17.94 时,交点垂向位置 $z/d\approx0.72$。根据以上观察可知,"交点"的垂向相对位置随着水深的增加有上移趋势。当水深较小时,次生流不能够充分发展,故交点位置偏低;随着水深增大,次生流得以继续发展,中心点不断上移。由于沙波影响范围有限,当达到一定水深,次生流充分发展后,中心点垂向相对位置不会随着水深的增加而继续增加,甚至会出现减小的情况。

3)同一沙波不同测点沿程流速分布变化规律

3 号沙波处于试验段中间,受上下游影响较小,跟实际情况中沙波上水流流态最为接近,故以 3 号沙波上的垂线流速数据作为研究对象。为了说明沙波垂线流速分布与均匀流的区别,选取指数流速分布作为均匀流状态下的流速分布规律进行对比分析。图 2.10a)、图 2.10b)分别绘制了 3 号沙波,在波陡 $h/\lambda=0.075$ 和 $h/\lambda=0.100$ 两种条件下,水流沿程垂线分布情况。图中虚线、实线分别代表实测数据和指数流速公式计算数据。

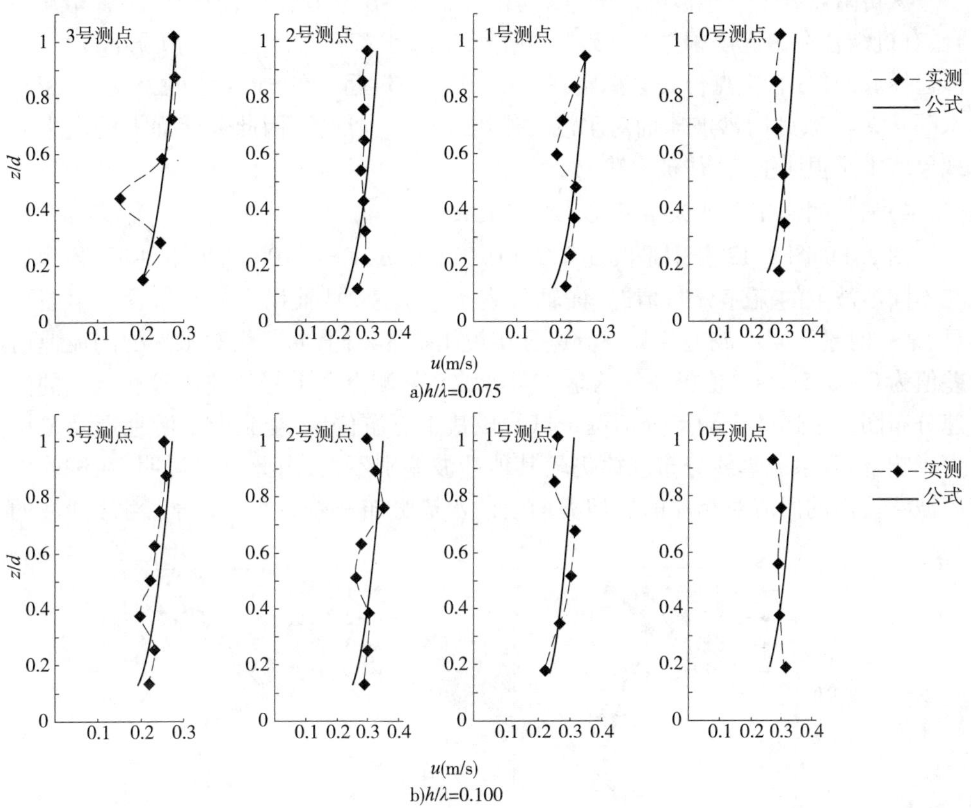

图2.10　不同坡度沙波沿程流速分布(3号沙波)

水流在迎流面上流向波峰时,因过流断面不断缩小,流速增大,根据伯努利定律可知,静水压力沿程减小,因此在水流中会产生次生流。从图2.10a)、图2.10b)中可以看出,接近水面处的实测数据比计算值偏小,而近底处的实测数据又大于计算值,且越接近波峰,差异的范围及大小越明显,此时已经不再满足指数流速分布规律。次生流在沙波迎流面上处于不断发展的过程,中心点位置也不断升高。由图2.10a)可知,交点在3号测点位置处的垂向相对位置 $z/d\approx0.3$,沿程垂向位置不断升高,在波峰时垂向相对位置 $z/d\approx0.5$。在图2.10b)中,交点在3号测点位置处垂向位置 $z/d\approx0.3$,沿程位置同样不断升高,在1号测点时的垂向位置 z/d 达到0.7,而在波峰处因受背流面涡流结构的影响,$z/d=0.4$。比较图2.10a)和图2.10b)中相同位置处交点的垂向位置可知,随着坡度的增加,沙波对水流流态的影响更为明显。

从再附点到下一个波峰之间，尾流和内部边界层相互作用，波峰处两者相互混合，有机结合在一起。根据 Satya[36]的研究结果，水流在充分发展的情况下，由于内部边界层的作用，交点位置会稳定在 $z/d \approx 0.4$ 处附近。在 Satya[36]的试验中，相对水深 $d/h = 10$，此时沙波床面对水流的作用远小于本试验，因此迎流面上的次生流现象就不是很明显，往往被忽略。

4）同一测点不同沙波沿程流速分布变化规律

图 2.11、图 2.12 分别是波陡 $h/\lambda = 0.075$ 和 $h/\lambda = 0.100$ 两种条件下，各测点在不同沙波上的流速分布情况，横轴代表水平流速，纵轴代表相对水深。由图可见，某一时刻不同沙波上各测点流速分布规律基本相同，同一相对水深处的流速值差值为 0 ~ 0.5m/s。值得注意的是 4 号沙波 0 号测点及 1 号沙波 3 号测点上的流速分布图。上述两个测点分别位于试验段最上下游位置，受到上下游地形及糙率等影响，但其水流垂线分布规律仍较其他沙波差别不大，由此可以说明，在试验中沙波背流面的回流对相邻前后迎流面上的水流分布影响较小。1 号 ~4 号沙波的

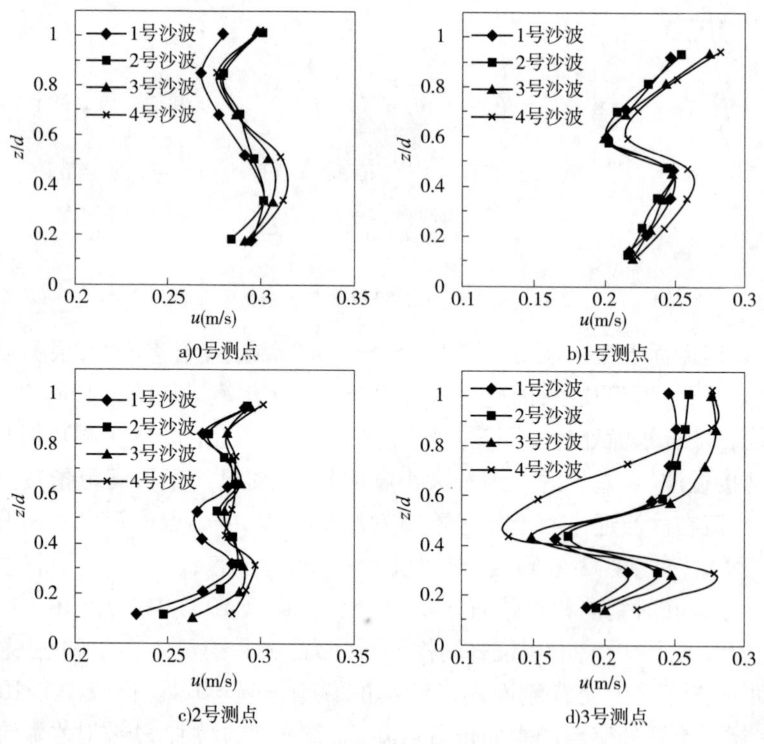

图 2.11 $h/\lambda = 0.075$ 时不同沙波上各测点的流速分布

流速值依次增加,下游流速大于上游流速,这主要由于 1 号沙波位于最上游,4 号沙波位于最下游,水位沿程递减,过流断面不断减小,故在相同流量的情况下,流速沿程不断增加。

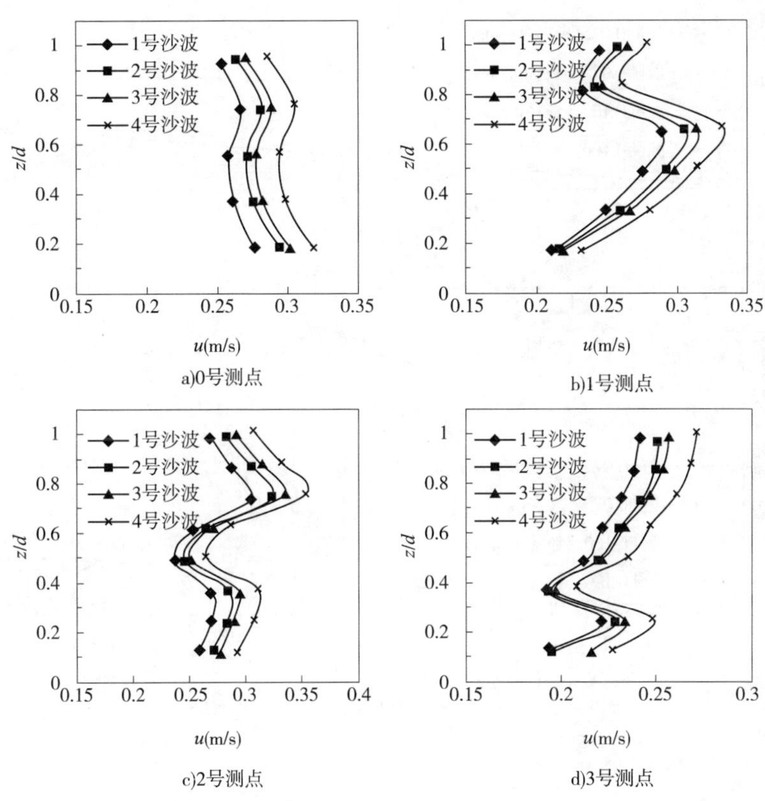

图 2.12 $h/\lambda=0.100$ 时不同沙波上各测点的流速分布

2.5.2 实测泥沙起动流速分析

1)同一个沙波各测点的泥沙起动流速

不同沙波上泥沙沿程起动流速分布如图 2.13 所示。图中实线是在波陡为 0.075 条件下的实测结果,虚线是在波陡为 0.100 条件下的实测结果;圆形图标代表粒径为 0.5mm,叉形图标代表粒径为 0.7mm。由图 2.13 可得到以下几点认识:

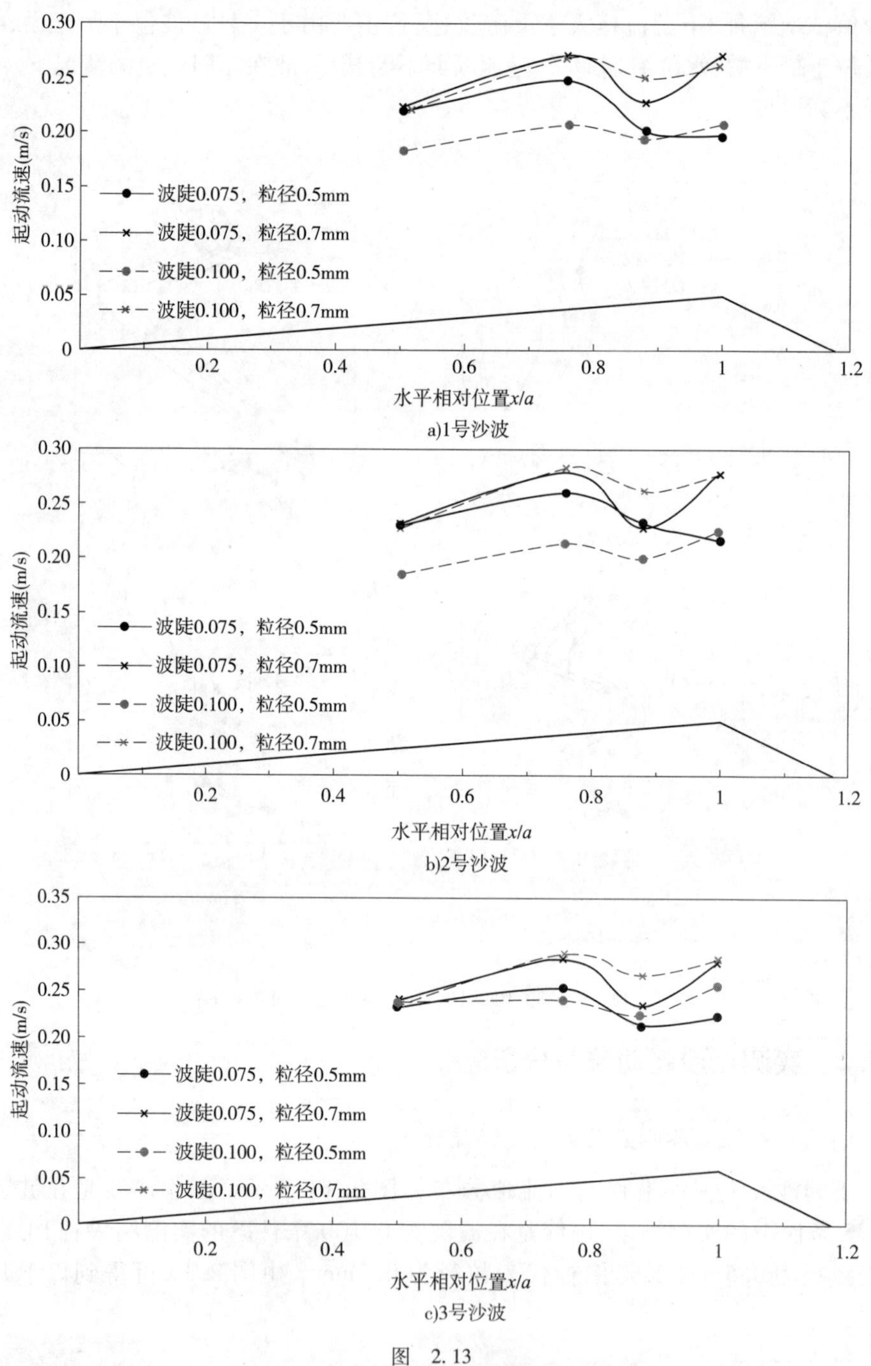

a)1号沙波

b)2号沙波

c)3号沙波

图　2. 13

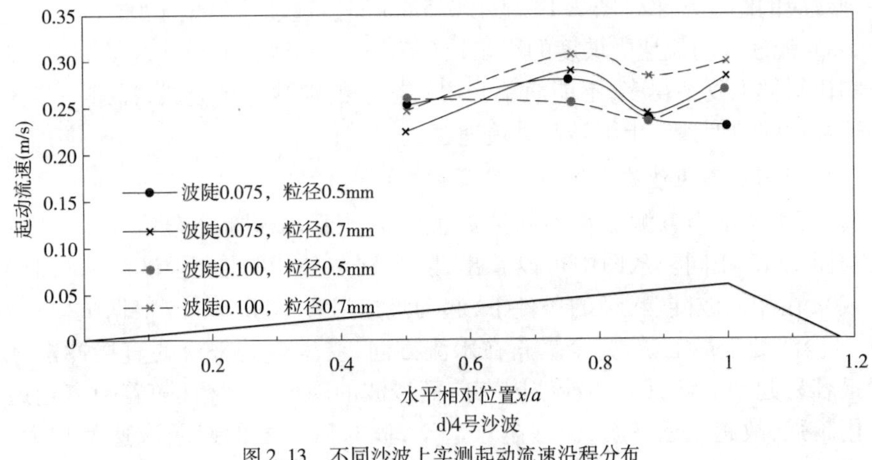

d)4号沙波

图 2.13 不同沙波上实测起动流速沿程分布

(1)不同沙波上泥沙起动流速的变化规律基本一致。不同沙波上,0 号 ~2 号测点的泥沙起动流速与水平相对位置、沙波波陡和泥沙粒径的关系基本相同;在 3 号测点处的起动流速较为复杂。1 号和 2 号沙波上,除波陡为 0.100、粒径为 0.5mm 的情况外,其他情况的流速值基本相等;3 号沙波上,4 种组合的起动流速值基本相等;4 号沙波上,波陡为 0.075、粒径为 0.7mm 时的起动流速反而低于其他情况。这主要是由于 3 号测点位置靠近回流区,根据前人的研究可知,波谷附近涡流作用较强,有着显著的猝发、清扫及泡漩等现象,这些都影响着泥沙的起动,且这些现象的随机性较强,故在此处测得的起动流速变化规律较为复杂,有待进一步研究。

(2)同一个沙波周期内,泥沙的水平相对位置影响着起动流速。图 2.13 表明,在相同粒径和坡度的情况下,不同位置处的泥沙起动流速不同,但主要趋势基本一致。3 号测点的起动流速最小,0 号和 2 号测点基本相等,1 号测点小于邻近的两个测点。3 号测点的起动流速在 4 组试验中较其他测点更为接近,受坡度和粒径的影响较小。所以,沙波不同位置处泥沙起动流速计算公式需要考虑水平相对位置的影响,这使得其有别于平、底和边坡上泥沙起动特征。

(3)由希尔兹曲线可知,在粗颗粒的条件下,泥沙粒径越大,所需要的起动切应力越大。由试验结果可知,在相同坡度条件下,0.7mm 的泥沙颗粒起动流速普遍大于 0.5mm,这与希尔兹曲线规律相同,表明了本试验的正确性。

(4)坡度对泥沙起动的影响较为复杂。正如 Adel Emadzadeh[38] 指出的坡度对斜坡泥沙起动的影响一样,沙波迎流面坡度同样也影响着“重力效应”和“压力效应”的大小,但同时也决定了背流面回流区的范围和强度。沙波上泥沙的起动是上述各种效应的综合结果。图2.13显示0.5mm泥沙起动流速位于0.7mm之内,表明0.5mm泥沙起动流速受坡度的影响较0.7mm小。沙波上泥沙起动规律受坡度的影响比斜坡上复杂得多,不能简单套用斜坡上的泥沙起动公式,需进一步研究,建立适合不同坡度沙波上泥沙起动流速公式。

2)同一测点不同沙波上泥沙起动流速

图2.14所示为各测点在不同沙波上的泥沙起动流速分布情况。图中符号含义与图2.13相同。从图中可以看出,除个别点外(可能由于试验测量时的误差造成),在相同波陡、粒径的条件下,起动流速沿程不断增加。根据试验布置可知,1号沙波处于最上游,完全暴露在水流方向,受入口处来流的直接冲击,所以泥沙最容易起动。而其后的沙波因有前面沙波的隐蔽作用,且随着距离越远,隐蔽作用越强,故越靠近下游,泥沙越难起动,此时所需要的起动流速就越大。值得注意的是3号测点泥沙起动流速的变化情况。在每一个沙波上,大部分流速基本稳定在一个数值,其中在3号沙波最为明显。由于背流面复杂的水流结构,使得2号~4号沙波各测点的起动流速相近。为了尽快使试验过程中水流流态与实际情况相似,试验前在1号沙波前沿修筑了作为过渡段的1/4圆弧,此时同样会在1号沙波前产生回流等复杂的水流结构,继而影响1号沙波上泥沙的起动情况。

3)现有起动流速公式对比

试验不考虑泥沙之间的黏性力,采用平坡上适用性较强的沙莫夫公式[39]及何文社[40]和聂锐华[41]正坡泥沙起动流速公式分别计算每组次泥沙起动流速,并与实测值进行对比。

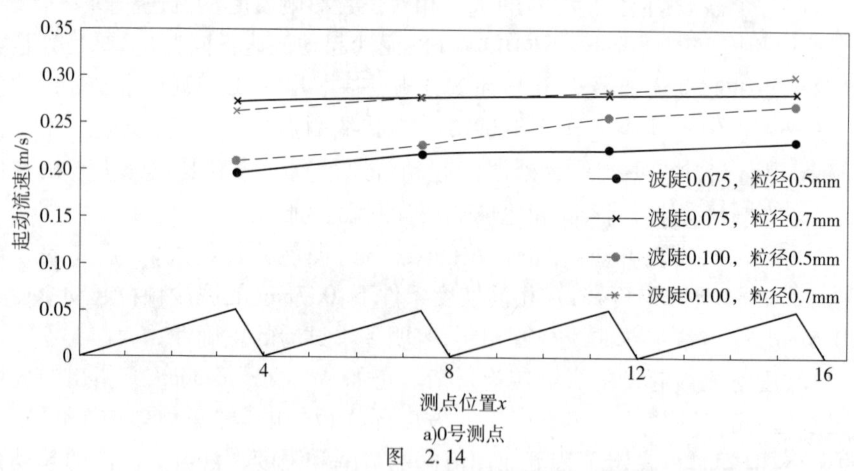

a)0号测点

图 2.14

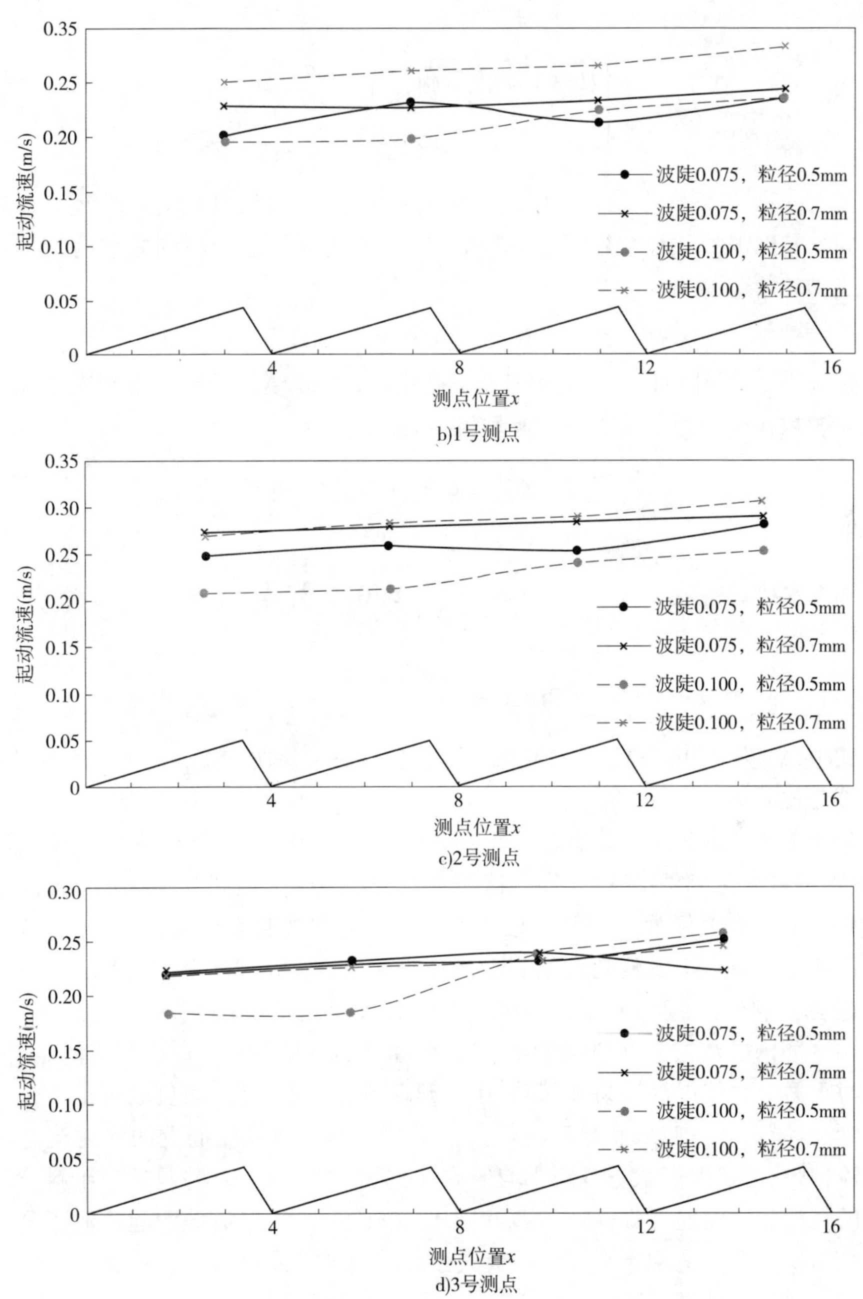

b)1号测点

c)2号测点

d)3号测点

图 2. 14　各测点在不同沙波上的泥沙起动流速

沙莫夫[39]公式如下：

$$\begin{cases} U_{\mathrm{c}} = 1.47\sqrt{gD}\left(\dfrac{d}{D}\right)^{\frac{1}{6}} & \dfrac{d}{D} > 6 \\ U_{\mathrm{c}} = 1.4\sqrt{gD}\ln\dfrac{d}{7D} & \dfrac{d}{D} \leqslant 6 \end{cases} \tag{2-8}$$

何文社[40]根据完全暴露在床面上均匀沙的起动条件，利用有效粒径来代替床面不同暴露度泥沙颗粒粒径，采用滑动平衡模式建立了适合不同底坡的均匀沙起动公式，如下：

$$U_{\mathrm{c}} = 5.69\,(1+\xi)^{\frac{1}{2}}(f\cos\beta - \sin\beta)^{\frac{1}{2}}D^{\frac{1}{3}}d^{\frac{1}{6}} \tag{2-9}$$

聂锐华[41]等针对山区河流的特点，采用滚动平衡模式导出了不同底坡无黏性非均匀颗粒在部分隐暴状态下的起动流速，如下：

$$U_{\mathrm{c}} = 6.24\left[\frac{\sqrt{2\Delta' - \Delta'^2}\cos\alpha - (1-\Delta')\sin\alpha}{(1-\Delta') + \dfrac{1}{4}\sqrt{2\Delta' - \Delta'^2}}\right]^{\frac{1}{2}} D_i^{\frac{1}{2}}\left(\frac{d}{D_{90}}\right)^{\frac{1}{6}} \tag{2-10}$$

根据水槽试验数据，带入式(2-8)～式(2-10)进行计算比较。

定义偏差率：

$$\mathrm{PDEV} = \frac{100(X_{\mathrm{c}} - X_{\mathrm{m}})}{X_{\mathrm{m}}} \tag{2-11}$$

式中，X_{c} 为计算值；X_{m} 为实测值。计算值与偏差率见表 2.3。表 2.4 统计了 3 种计算公式的精度。

从表 2.3 和表 2.4 可以看出，式(2-8)～式(2-10)的计算结果均大于实测数据，最大偏差率达到 64.45%，公式精度在[0.6,2.0]倍区间为 100%，而在[0.9,1.1]倍区间最大值仅为 18.75%，用来计算沙波上泥沙起动流速误差较大，故需从沙波泥沙起动特点出发建立有效起动流速计算公式。表 2.4 表明，考虑了坡度对泥沙起动影响的式(2-9)、式(2-10)，计算结果却比式(2-8)误差更大，在[0.9,1.1]倍区间内的数据为 0.00%，而式(2-8)也仅为 18.75%。在均匀流的条件下，正坡时重力分力使得泥沙易于起动，从而起动流速较平坡低；而负坡时重力分力使得泥沙起动较为困难，从而起动流速大于平坡。但沙波迎流面上的水流流态为非均匀流，其受力及失衡状态有别于均匀流，而式(2-9)、式(2-10)只适用于斜坡均匀流时的泥沙起动流速计算，所以表 2.4 中何文社、聂锐华斜坡泥沙起动流速公式的计算精度反而低于适用于平坡的沙莫夫公式。何文社通过滑动模式建立式(2-9)，而聂锐华通过滚动模式建立式(2-10)，但两者公式结构和计算结果基本一致，表明起动模式对泥沙起动流速计算结果的影响较小。

三种公式的计算值和偏差率 表 2.3

序号	测点	沙波	波陡	泥沙粒径（m）	水深（m）	实测（m/s）	沙莫夫（m/s）	偏差率（%）	何文社（m/s）	偏差率（%）	聂锐华（m/s）	偏差率（%）
1	0	1	0.075	0.0005	0.1875	0.1968	0.2765	40.4808	0.3045	54.7398	0.3035	54.2428
2	0	2	0.075	0.0005	0.1861	0.2164	0.2761	27.5975	0.3041	40.5489	0.3032	40.0975
3	0	3	0.075	0.0005	0.1846	0.2217	0.2757	24.3793	0.3037	37.0040	0.3028	36.5640
4	0	4	0.075	0.0005	0.1831	0.2303	0.2754	19.5719	0.3033	31.7087	0.3024	31.2857
5	0	1	0.075	0.0007	0.1780	0.2719	0.3066	12.7661	0.3377	24.2121	0.3366	23.8131
6	0	2	0.075	0.0007	0.1775	0.2776	0.3065	10.3989	0.3376	21.6046	0.3365	21.2140
7	0	3	0.075	0.0007	0.1770	0.2806	0.3063	9.1673	0.3374	20.2479	0.3363	19.8617
8	0	4	0.075	0.0007	0.1765	0.2825	0.3062	8.3819	0.3373	19.3829	0.3362	18.9994
9	0	1	0.100	0.0005	0.1305	0.2093	0.2603	24.3486	0.2914	39.2265	0.2900	38.5700
10	0	2	0.100	0.0005	0.1294	0.2264	0.2599	14.7945	0.2910	28.5292	0.2896	27.9232
11	0	3	0.100	0.0005	0.1283	0.2569	0.2595	1.0219	0.2906	13.1088	0.2892	12.5755
12	0	4	0.100	0.0005	0.1272	0.2705	0.2592	−4.1948	0.2902	7.2679	0.2888	6.7622
13	0	1	0.100	0.0007	0.1080	0.2634	0.2821	7.1041	0.3159	19.9187	0.3144	19.3533
14	0	2	0.100	0.0007	0.1075	0.2768	0.2819	1.8403	0.3156	14.0251	0.3141	13.4875
15	0	3	0.100	0.0007	0.1063	0.2835	0.2814	−0.7523	0.3150	11.1223	0.3135	10.5983
16	0	4	0.100	0.0007	0.1055	0.3001	0.2810	−6.3602	0.3146	4.8435	0.3132	4.3491
17	1	1	0.075	0.0005	0.2480	0.2023	0.2897	43.1818	0.3191	57.7150	0.3180	57.2084
18	1	2	0.075	0.0005	0.2466	0.2314	0.2894	25.0578	0.3188	37.7513	0.3177	37.3089
19	1	3	0.075	0.0005	0.2452	0.2140	0.2891	35.0978	0.3185	48.8104	0.3174	48.3324
20	1	4	0.075	0.0005	0.2438	0.2369	0.2888	21.9221	0.3182	34.2974	0.3171	33.8660
21	1	1	0.075	0.0007	0.1730	0.2288	0.3052	33.3735	0.3361	46.9111	0.3351	46.4392
22	1	2	0.075	0.0007	0.1717	0.2274	0.3048	34.0260	0.3357	47.6299	0.3346	47.1557
23	1	3	0.075	0.0007	0.1707	0.2342	0.3045	30.0079	0.3354	43.2040	0.3343	42.7440
24	1	4	0.075	0.0007	0.1697	0.2437	0.3042	24.8176	0.3351	37.4868	0.3340	37.0452
25	1	1	0.100	0.0005	0.1380	0.1952	0.2627	34.5784	0.2941	50.6801	0.2927	49.9697
26	1	2	0.100	0.0005	0.1361	0.1987	0.2621	31.9027	0.2934	47.6843	0.2921	46.9880
27	1	3	0.100	0.0005	0.1342	0.2241	0.2615	16.6788	0.2928	30.6390	0.2914	30.0231

续上表

序号	测点	沙波	波陡	泥沙粒径（m）	水深（m）	实测（m/s）	沙莫夫（m/s）	偏差率（%）	何文社（m/s）	偏差率（%）	聂锐华（m/s）	偏差率（%）
28	1	4	0. 100	0. 000 5	0. 132 3	0. 235 9	0. 260 9	10. 579 3	0. 292 1	23. 809 7	0. 290 7	23. 226 0
29	1	1	0. 100	0. 000 7	0. 183 0	0. 250 1	0. 308 0	23. 162 7	0. 344 9	37. 898 7	0. 343 3	37. 248 5
30	1	2	0. 100	0. 000 7	0. 181 2	0. 261 4	0. 307 5	17. 644 6	0. 344 3	31. 720 3	0. 342 7	31. 099 3
31	1	3	0. 100	0. 000 7	0. 179 4	0. 267 2	0. 307 0	14. 899 6	0. 343 7	28. 646 9	0. 342 1	28. 040 3
32	1	4	0. 100	0. 000 7	0. 177 6	0. 282 9	0. 306 5	8. 340 8	0. 343 2	21. 303 4	0. 341 5	20. 731 4
33	2	1	0. 075	0. 000 5	0. 285 8	0. 247 9	0. 296 6	19. 639 8	0. 326 7	31. 783 5	0. 325 6	31. 360 2
34	2	2	0. 075	0. 000 5	0. 284 7	0. 259 8	0. 296 4	14. 086 4	0. 326 5	25. 666 4	0. 325 4	25. 262 7
35	2	3	0. 075	0. 000 5	0. 283 6	0. 252 6	0. 296 2	17. 262 6	0. 326 3	29. 165 0	0. 325 2	28. 750 1
36	2	4	0. 075	0. 000 5	0. 282 5	0. 279 9	0. 296 0	5. 756 9	0. 326 1	16. 491 4	0. 325 0	16. 117 2
37	2	1	0. 075	0. 000 7	0. 284 2	0. 272 1	0. 331 5	21. 822 3	0. 365 1	34. 187 4	0. 364 0	33. 756 4
38	2	2	0. 075	0. 000 7	0. 282 8	0. 278 6	0. 331 2	18. 882 1	0. 364 8	30. 948 9	0. 363 7	30. 528 3
39	2	3	0. 075	0. 000 7	0. 281 4	0. 2845	0. 3309	16. 3205	0. 3645	28. 1272	0. 3634	27. 7157
40	2	4	0. 075	0. 000 7	0. 280 3	0. 288 8	0. 330 7	14. 513 8	0. 364 3	26. 137 2	0. 363 1	25. 732 0
41	2	1	0. 100	0. 000 5	0. 220 2	0. 207 4	0. 284 0	36. 920 8	0. 317 9	53. 302 8	0. 316 5	52. 580 0
42	2	2	0. 100	0. 000 5	0. 212 8	0. 212 7	0. 282 4	32. 750 5	0. 316 1	48. 633 6	0. 314 7	47. 932 8
43	2	3	0. 100	0. 000 5	0. 216 5	0. 240 8	0. 283 2	17. 596 7	0. 317 1	31. 666 6	0. 315 6	31. 045 9
44	2	4	0. 100	0. 000 5	0. 214 3	0. 253 4	0. 282 7	11. 559 3	0. 316 5	24. 906 9	0. 315 0	24. 318 0
45	2	1	0. 100	0. 000 7	0. 244 2	0. 268 8	0. 323 2	20. 239 2	0. 361 9	34. 625 4	0. 360 2	33. 990 7
46	2	2	0. 100	0. 000 7	0. 241 9	0. 282 9	0. 322 7	14. 066 4	0. 361 3	27. 713 9	0. 359 6	27. 111 8
47	2	3	0. 100	0. 000 7	0. 239 2	0. 290 0	0. 322 1	11. 065 7	0. 360 6	24. 354 3	0. 358 9	23. 768 0
48	2	4	0. 100	0. 000 7	0. 236 9	0. 307 0	0. 321 6	4. 746 7	0. 360 0	17. 279 2	0. 358 3	16. 726 3
49	3	1	0. 075	0. 000 5	0. 361 0	0. 219 1	0. 308 4	40. 739 9	0. 339 7	55. 025 3	0. 338 6	54. 527 3
50	3	2	0. 075	0. 000 5	0. 359 7	0. 229 9	0. 308 2	34. 047 8	0. 339 5	47. 653 9	0. 338 4	47. 179 6
51	3	3	0. 075	0. 000 5	0. 358 4	0. 232 2	0. 308 0	32. 639 9	0. 339 3	46. 103 1	0. 338 2	45. 633 8
52	3	4	0. 075	0. 000 5	0. 357 1	0. 251 8	0. 307 8	22. 241 2	0. 339 0	34. 648 9	0. 338 0	34. 216 4
53	3	1	0. 075	0. 000 7	0. 345 0	0. 222 4	0. 342 4	53. 940 5	0. 377 1	69. 565 7	0. 375 9	69. 021 1
54	3	2	0. 075	0. 000 7	0. 343 7	0. 231 2	0. 342 1	47. 988 0	0. 376 9	63. 009 1	0. 375 7	62. 485 5

续上表

序号	测点	沙波	波陡	泥沙粒径(m)	水深(m)	实测(m/s)	沙莫夫(m/s)	偏差率(%)	何文社(m/s)	偏差率(%)	聂锐华(m/s)	偏差率(%)
55	3	3	0.075	0.000 7	0.342 4	0.239 4	0.341 9	42.828 9	0.376 6	57.326 3	0.375 4	56.820 9
56	3	4	0.075	0.000 7	0.341 1	0.223 4	0.341 7	52.961 3	0.376 4	68.487 2	0.375 2	67.946 0
57	3	1	0.100	0.000 5	0.351 0	0.183 3	0.306 9	67.441 8	0.343 6	87.475 5	0.342 0	86.591 7
58	3	2	0.100	0.000 5	0.349 7	0.185 2	0.306 7	65.621 5	0.343 4	85.437 5	0.341 8	84.563 2
59	3	3	0.100	0.000 5	0.347 7	0.238 1	0.306 4	28.701 4	0.343 1	44.100 0	0.341 5	43.420 6
60	3	4	0.100	0.000 5	0.345 5	0.259 0	0.306 1	18.190 7	0.342 7	32.331 8	0.341 1	31.707 9
61	3	1	0.100	0.000 7	0.325 0	0.219 7	0.339 0	54.289 0	0.379 5	72.749 1	0.377 7	71.934 6
62	3	2	0.100	0.000 7	0.329 2	0.226 8	0.339 7	49.779 2	0.380 3	67.699 7	0.378 5	66.909 0
63	3	3	0.100	0.000 7	0.320 9	0.232 9	0.338 3	45.236 8	0.378 7	62.613 8	0.376 9	61.847 1
64	3	4	0.100	0.000 7	0.318 7	0.246 4	0.337 9	37.122 1	0.378 3	53.528 2	0.376 5	52.804 4

注:1. 式(2-2)、式(2-3)中所定义的相对暴露度意义不同。

2. 式(2-2)、式(2-3)需先通过平坡试验确定相对暴露度,再分别带入公式计算沙波上的起动流速。

计算公式精度统计 表 2.4

公　式	沙漠夫(%)	何文社(%)	聂锐华(%)
$0.6 < X_c/X_m < 1.67$	98.44	90.63	90.63
$0.7 < X_c/X_m < 1.43$	85.94	64.06	64.06
$0.8 < X_c/X_m < 1.25$	57.81	23.44	23.44
$0.9 < X_c/X_m < 1.11$	18.75	0.00	0.00

2.6 小结

本章对不同坡度沙波上泥沙起动的水槽试验设备、布置以及流程进行了详细的介绍。研究采用 0.5mm 和 0.7mm 两种泥沙粒径,0.075 和 0.100 两种波陡分别进行试验。

根据在两种波陡沙波上的实测数据,分析了不同水深下流速分布变化、同一沙波不同测点沿程流速分布变化以及不同水深下流速分布变化规律,得到以下结论:

(1)当相对水深较小时,沙波迎流面上的水流特征跟以往研究有着明显的差别,沙波对水流流态的影响更为明显,水流垂向分布更加不规则,次生流现象更为突出。

(2)一个沙波周期内,沿程各段面流速分布不断变化,迎流面次生流的中心位置沿程不断升高。不同坡度沙波对次生流中心点位置也有影响:坡度越大,垂向相对位置越高。

(3)次生环流中心点垂向相对位置随着水深的增加而升高。因沙波地形影响范围有限,当达到一定水深后变化较小,甚至可能会出现减小的情况。

观察一定时间内,通过试验段泥沙的数量,来确定泥沙的运动状态,从而获得泥沙起动流速。利用实测数据绘制了起动流速在一个沙波周期沿程以及不同沙波周期上的分布图,然后将试验水深、坡度以及粒径等参数带入沙莫夫平坡起动流速公式、何文社和聂锐华斜坡起动流速公式分别进行计算,再与实测值进行对比分析。分析表明:沙波迎流面上不同位置处泥沙起动流速并不相同,粒径对起动流速的影响基本符合希尔兹曲线关系,而坡度的影响关系就显得较为复杂,需做进一步的分析研究。现有的平坡和斜坡泥沙起动公式计算误差较大,不能够准确地计算出沙波上泥沙起动流速,需根据沙波泥沙和水流特征,建立有效的泥沙起动流速公式。

本章参考文献

[1] Raudkivi A J. Study of sediment ripple formation[J]. J. Hydraul. Div. Am. Soc. Civ. Eng,1963,89(6): 15-33.

[2] Raudkivi A J. Bed forms in alluvial channels[J]. Journal of Fluid Mechanics, 1966,26(03): 507-514.

[3] Vanoni V A,Hwang L S. Relation between bed forms and friction in streams[M]. WM Keck Laboratory of Hydraulics and Water Resources, California Institute of Technology,1967.

[4] Rifai M F,Smith K V H. Flow over triangular elements simulating dunes[J]. Journal of the Hydraulics Division,1971,97(7): 963-976.

[5] McCorquodale, J. A. and Giratalla, M. K. Flow over natural and artificial ripples [J] Proc. 15th Congr. Int. Ass. Hydraul. Res. 1937:A22-1-A22-6

[6] Vittal N, Ranga Raju K G, Garde R J. Resistance of two dimensional triangular roughness[J]. Journal of Hydraulic Research,1977,15(1): 19-36.

[7] Itakura T, Kishi T. Open channel flow with suspended sediment on sand waves [C]//Proceedings of the Third International Symposium on Stochastic Hydraulics.

1980：599-609.

[8] Fehlman H M. Resistance components and velocity distributions of open channel flows over bedforms[D]. Colorado Springs：Colorado State University，1985.

[9] Mierlo M，De Ruiter J C C. Turbulence measurements above artificial dunes[J]. Report Q789，Delft Hydraulics Lab，Delft，The Netherlands，1988.

[10] Nelson J M，Smith J D. Flow in meandering channels with natural topography[J]. River meandering，1989：69-102.

[11] Wiberg P L，Nelson J M. Unidirectional flow over asymmetric and symmetric ripples[J]. Journal of Geophysical Research：Oceans（1978—2012），1992，97（C8）：12745-12761.

[12] Nelson J M，McLean S R，Wolfe S R. Mean flow and turbulence fields over two-dimensional bed forms [J]. Water Resources Research，1993，29（12）：3935-3953.

[13] 唐小南，窦国仁. 沙波河床的明渠水流试验研究[J]. 水利水运科学研究，1993(1)：25-31.

[14] McLean S R，Nelson J M，Wolfe S R. Turbulence structure over two-dimensional bed forms：Implications for sediment transport[J]. Journal of Geophysical Research：Oceans（1978—2012），1994，99(C6)：12729-12747.

[15] Bennett S J，Best J L. Mean flow and turbulence structure over fixed，two-dimensional dunes：implications for sediment transport and bedform stability[J]. Sedimentology，1995，42(3)：491-513.

[16] James C S，Cottino C F G. An experimental study of flow over artificial bed forms [J]. WATER SA-PRETORIA-，1995，21：299-306.

[17] 毛野，张志军，袁新明，等. 沙波附近紊流拟序结构特性初步研究[J]. 河海大学学报(自然科学版)，2002，30(5)：56-61.

[18] Hyun B S，Balachandar R，Yu K，et al. Assessment of PIV to measure mean velocity and turbulence in open-channel flow[J]. Experiments in Fluids，2003，35(3)：262-267.

[19] Best J L. Kinematics，topology and significance of dune-related macroturbulence：some observations from the laboratory and field[J]. Fluvial sedimentology VII，2005，35：41-60.

[20] Polatel C. Large-scale roughness effect on free-surface and bulk flow characteristics in open-channel flows[M]. ProQuest，2006.

[21] 白玉川,许栋. 明渠沙纹床面湍流结构实验研究[J]. 水动力学研究与进展:A辑,2007,22(3):278-285.

[22] Maddux T B, McLean S R, Nelson J M. Turbulent flow over three-dimensional dunes: 2. Fluid and bed stresses[J]. Journal of Geophysical Research: Earth Surface (2003—2012),2003,108(F1).

[23] Balachandar R, Reddy H P. Bed Forms and Flow Mechanisms Associated with Dunes[M]. INTECH Open Access Publisher,2011.

[24] Kramer H. Sand mixtures and sand movement in fluvial model[J]. Transactions of the American Society of Civil Engineers,1935,100(1):798-838.

[25] 窦国仁. 泥沙运动理论[J]. 南京:南京水利科学研究所,1963.

[26] 刘春嵘,邓丽颖,呼和敖德. 复杂流动下泥沙起动概率的图像测量[J]. 湖南大学学报(自然科学版),2008(3):24-27.

[27] Yalin M S. Mechanics of sediment transport[J]. Pergamon Press,1972:74-110.

[28] Taylor B D. Temperature effects in alluvial streams[J]. 1971.

[29] 韩其为,何明民. 泥沙起动规律及起动流速[M]. 北京:科学出版社,1999.

[30] Smith J D, McLean S R. Spatially averaged flow over a wavy surface[J]. Journal of Geophysical research,1977,82(12):1735-1746.

[31] McLean S R. The stability of ripples and dunes[J]. Earth-Science Reviews, 1990,29(1):131-144.

[32] Kennedy J F. The mechanics of dunes and antidunes in erodible-bed channels [J]. Journal of Fluid Mechanics,1963,16(04):521-544.

[33] Yalin M S. Geometrical properties of sand waves[J]. Journal of the Hydraulics Division, ASCE,1964,90(5):105-109.

[34] Gabel SL. Geometry and kinematics of dunes during steady and unsteady flows in the Calamus River, Nebraska, USA[J]. Sedimentology,1993,40(2):237-69.

[35] Julien PY, Klaassen GJ. Sand-dune geometry of large rivers during floods[J]. J Hydraul Eng ASCE,1995,121(9):657-63.

[36] 杨胜发,王涛,赵晓马. 筲箕背卵石急滩碍航特征以及卵石沙波形态分析[J]. 水运工程,2007(11):69-74.

[37] Ojha S P, Mazumder B S. Turbulence characteristics of flow region over a series of 2-D dune shaped structures[J]. Advances in Water Resources,2008,31(3):561-576.

[38] Emadzadeh A, Chiew Y M, Afzalimehr H. Effect of accelerating and decelerating

flows on incipient motion in sand bed streams[J]. Advances in Water Resources, 2010,33(9): 1094-1104.

[39] 钱宁,万兆惠. 泥沙运动力学[M]. 北京:科学出版社,2003.

[40] 何文社,曹叔尤,刘兴年,等. 不同底坡的均匀沙起动条件[J]. 水利水运工程学报,2003(3): 23-26.

[41] 聂锐华,刘兴年,曹叔尤. 不同底坡泥沙起动条件研究[J]. 中国科技论文在线.

第3章 ▶ 沙波紊流特性研究

3.1 沙波紊流特性

1)沿程水面线

James 和 Cottino[1]在宽 0.38m、长 9m、底坡 0.002 的水槽中,利用二维概化三角形沙波进行试验。与以往试验不同的是,该试验主要研究水深相对较小情况下沙波上的水流流态。James [1]共选取 4 种沙波形态以及 4 组泥沙粒径进行试验。通过固定在水槽顶部可移动支架上的游标水位计,测量了水槽中沿程的水位线。该试验结果表明:当水深相对较小时,水面线较为平顺;当水深较大时,水面线沿程变化剧烈。James[1]指出只有当弗汝德数 Fr 小于 0.45 时,水面线才会比较光滑;而当大于 0.45 时,水面线将会很不规则,同时底部切应力也会较大,若是动床试验,则沙波形态将会发生改变。沿程水面线变化如图 3.1 所示。

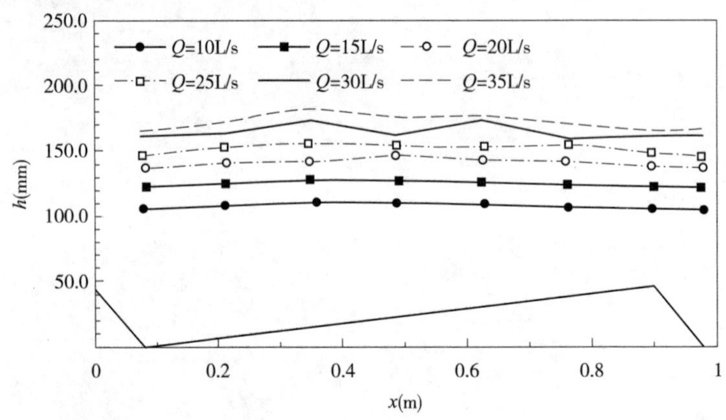

图 3.1 沿程水面线变化[1]

2)回流区长度

前一个沙波波峰处到下一个沙波再附点的距离叫做回流区长度。Engel[2]通

过试验研究发现,回流区长度是沙波高度、长度以及泥沙粒径等的函数,可以写成下式,即:

$$\frac{L}{h}=f\left(\frac{h}{\lambda},\frac{D_{50}}{h},\frac{d}{h},\mathrm{Fr}\right) \tag{3-1}$$

式中,L 是回流区长度;h 和 λ 分别是沙波波高和波长;Fr 是弗汝德数;D_{50}是中值粒径。

Engel[2]指出回流区长度与弗汝德数 Fr 和相对水深 d/h 的关系较弱,故式(3-1)中相关参数可以省略。Balachandar[3]研究指出,在相对水深 $d/h=0\sim5$ 时,回流区长度随着相对水深的增大而减小,而当相对水深大于 5 时,其值基本保持不变。James 等[1]通过试验发现:回流区长度先随着弗汝德数 Fr 的增大而减小,当弗汝德数 Fr 等于 0.5 时达到最小值,然后再随着弗汝德数 Fr 的增大而增加;沙粒糙率的增大会导致回流区长度的减小,尤其在弗汝德数较小时,影响更为明显,这与 Engel[2]的研究成果一致;沙波形态对回流区长度的影响大于泥沙糙率,沙波越陡,回流区长度越短。由于上述有关参数是相互影响、相互依靠的,故很难明确区分回流区长度与哪些参数有关,与哪些参数无关。

3)压力分布

James 和 Cottino[1]利用测压管测得水槽纵向压力分布曲线(图 3.2)。该试验结果表明:回流区压力值基本保持不变;从再附点到波峰处的迎流面上,压力沿程不断减小,直到波峰处达到最小值;背流面上,压力值沿程增加,在波谷处达到最大值。

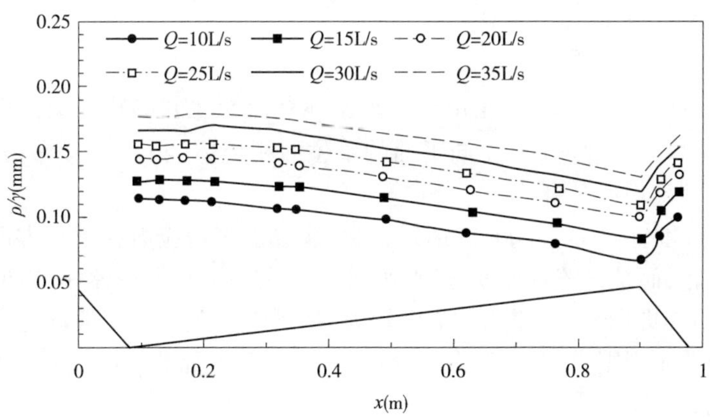

图 3.2 压力沿程分布变化[1]

4)流速分布

Polatel[4]在长 10m、宽 0.61m、深 0.5m 的水槽中采用波高为 0.02m,波长为 40m 的沙波进行试验,在一个沙波周期内布设 6 个测点,获得了流速、雷诺切应力以及紊动动能的沿程、垂向分布。同时,Stoesser[5]采用大涡模型在相同情况下进行数值模拟,计算值与实测值吻合良好。

Mierlo 和 Ruiter[6]试验表明:从波谷到波峰,流速沿程不断增加,在波峰处达到最大值;波谷附近,由于回流区的存在,底部流速较小,甚至可能会出现负值,流速从底部先较快地增长,然后增长较为缓慢,在水面处达到最大值,如图 3.3 所示。由此可见,沙波流速垂向分布更加不规则,与均匀流时均流速垂向分布差别较大。

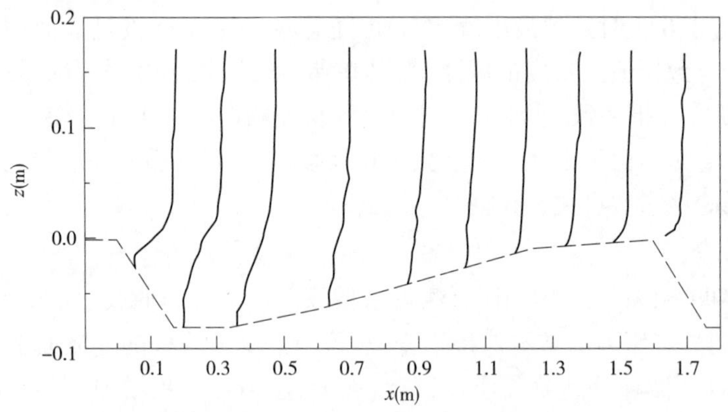

图 3.3 Mierlo 和 Ruiter 纵向流速分布规律[6]

5)雷诺切应力分布

雷诺切应力 $\tau_{ij} = -\rho\,\overline{u_i'v_j'}$ 是由于紊动水体在流层之间的相互交换而产生的切应力,可以理解为通过垂直于 i 向平面的单位面积流体的 j 向的动量,τ_{ij}则表示由于紊动引起的平均动量流。

Polatel[4]和 Stoesser[5]的研究结果表明:沙波雷诺切应力在垂直方向上已不再满足直线分布,而是先随着高度增加,达到峰值后随高度减小;水平方向上,在波峰到再附点之间(即回流区)雷诺切应力较大,从再附点到下一个波峰之间雷诺切应力垂向分布趋于规则,扩散作用占主导地位,如图 3.4 所示。

6)紊动动能分布

在二维分析中,还需考虑纵向紊动动能为$\sqrt{u'}$和垂向紊动动能为$\sqrt{\nu'}$。根据

Polatel[4]的试验结果可知:从垂向分布来看,除波峰处的测点外,其余各处纵向紊动动能都先随着高度的增加而增加,达到峰值后随着高度而减小,在水面处达到最小值;从水平沿程分布来看,在回流区最大,而在迎流面上纵向紊动动能垂向分布趋于均匀。垂向紊动动能分布和纵向基本一致,只是在迎流面和波峰处的测点上,峰值位置稍微偏上。

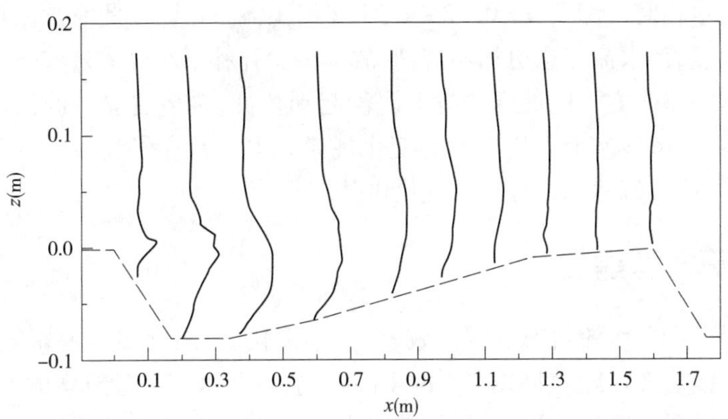

图 3.4 Mierlo 和 Ruiter 水槽试验雷诺切应力分布规律[6]

背流面的回流区存在较强的涡流结构,使得紊动强度较大,故在垂向和纵向分布中,此处的紊动动能和切应力均较大,两者趋势分别一致,在再附点位置处达到最大值。在再附点以后的迎流面上,由于内部边界层的发展,水流较为平顺,紊动动能沿程不断减小,在波峰处达到最小值。紊动动能分布规律如图 3.5 所示。

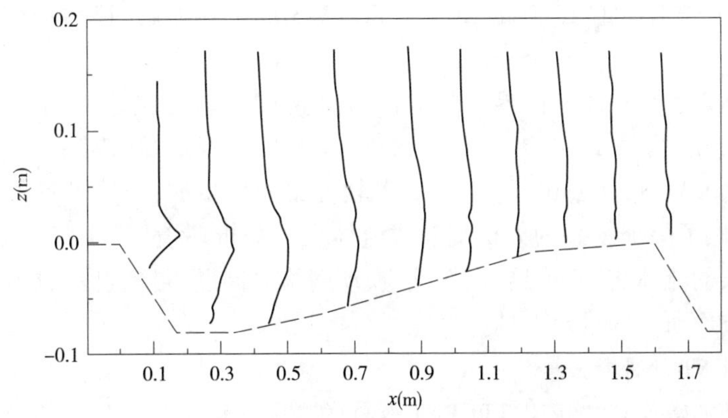

图 3.5 Mierlo 和 Ruiter 水槽试验紊动动能分布规律[6]

通过上述分析可知,沙波上水流流态特征主要受相对水深、沙波形态、表面糙率及流量等影响。但由于上述有关参数是相互影响、相互依靠的，故很难明确区分回流区长度与哪些参数有关，与哪些参数无关。Engel[2]指出相对水深的影响最为显著，随着水位不同，水流流态也将不同。Engel[2]回流区长度试验中相对水深 d/h 最小值为5，James 和 Cottino[1]水槽试验中相对水深 d/h 也仅为1.7～3.5。以往试验均在相对水深较大情况下进行，对于水深较小情况下沙波水流流态的研究不足，而本书试验中相对水深 $d/h=0.72\sim1.21$，小于以往的试验，此时沙波地形对水流的影响更为显著，水流流态更加不规则，故本试验弥补了小水深沙波研究的空白。

由于本书将研究不同坡度沙波上泥沙起动特性，希望建立沙波泥沙起动流速公式，故先要了解沙波上水流特性的变化规律。本章旨在研究沙波紊流特性分布规律，为建立沙波流速垂线分布公式提供基础。

3.2 计算模型建立

自然界中影响水流流态的因素较多，为了简化研究、突出主要影响因素，常常进行室内水槽研究。随着科技水平的不断提高，以及水槽试验成本的不断增加，数值水槽越来越受到重视。近年来，伴随着大型商业 CFD 软件的成功应用及计算机性能的一再提升，利用数值水槽来进行试验研究成为科研过程中较为重要的手段。

3.2.1 FLUENT 软件介绍

流体力学规律是以质量守恒、动量守恒和能量守恒三大守恒定律为基础，由 Navier-Stokes 方程所表示的一组数学方程[7]。目前，存在许多商业软件用以求解 Navier-Stokes 方程，如 FLUENT、CFX 及 FLOW-3D 等，在实践过程中取得了显著的效果。

FLUENT 是目前处于世界领先地位的商业 CFD 软件包之一，最初是由 FLUENT Inc. 公司发行。2006 年2 月，ANSYS Inc. 公司收购 FLUENT Inc. 公司后成为全球最大的 CAE 软件公司[8]。FLUENT 软件集网格生成、流体求解、数据可视化为一体，提供了一个友好的人机交互式流体力学分析环境。FLUENT 可以用来计算比较复杂的流体流动、传热、化学反应、动网格等问题，目前已经成为水力学、波浪理论等方面研究的重要工具。

1) FlUENT 软件特点[7]

与传统的数值算法相比，FLUENT 软件的有限体积法具有良好的稳定性、应用范围广、精度高等优点，其主要特点如下：

(1)处理可压缩和不可压缩流动问题。

(2)处理定常或非定常流动问题。

(3)引入动网格技术模拟物体运动。

(4)包含多种算法和湍流模型。

(5)包含多相流模型,如自由表面流、欧拉多相流、混合多相流空穴两相流等。

(6)包含多孔介质流动模型。

(7)可以处理质量、动量、热量及化学组分的体积源项。

(8)提供了用户自定义函数(UDF),用于二次开发。

2)FlUENT 软件包组成[8]

针对不同的计算对象,CFD 软件包包含了 3 个主要功能部分:前处理、求解器、后处理。其中前处理是指完成计算对象的建模,网格生成的程序;求解器是指求解控制方程的程序;后处理是指对计算结果进行显示、输出的程序。FlUENT 软件是基于 CFD 软件的思想设计的。FLUENT 软件包主要由 GAMBIT、Tgrid、Fliters、FLUENT 几部分组成。

(1)前处理器,包括 GAMBIT、Tgrid 和 Fliters,主要用于模拟对象的几何模型建立和网格生成。

(2)求解器是 FlUENT 软件包的核心,主要用于计算求解。

(3)后处理器。FlUENT 本身自带强大的后处理功能,能够实现以云图、等值线、矢量图及动画等多种方式显示。

3.2.2 基本方程

RSM 模型对 Reynolds 方程中的紊流脉动应力直接建立微分方程式,并进行求解。经量纲分析、整理后的 Reynolds 应力方程为:[9]

$$\begin{aligned}\frac{\partial(\rho \overline{u_i'u_j'})}{\partial t}+\frac{\partial(\rho u_k \overline{u_i'u_j'})}{\partial x_k}=&\frac{\partial}{\partial x_k}\left(\frac{\mu_t}{\sigma_k}\frac{\partial \overline{u_i'u_j'}}{\partial x_k}+\mu\frac{\partial \overline{u_i'u_j'}}{\partial x_k}\right)-\rho\left(\overline{u_i'u_k'}\frac{\partial u_j}{\partial x_k}+\overline{u_i'u_k'}\frac{\partial u_i}{\partial x_k}\right)-\frac{\mu_t}{\rho Pr_t}\left(g_i\frac{\partial\rho}{\partial x_j}+\right.\\&\left.g_j\frac{\partial\rho}{\partial x_i}\right)-C_1\rho\frac{\varepsilon}{k}\left(\overline{u_i'u_j'}-\frac{2}{3}k\delta_{ij}\right)-C_2\left(P_{ij}-\frac{1}{3}P_{kk}\delta_{ij}\right)+\\&C_1'\rho\frac{\varepsilon}{k}\left(\overline{u_k'u_m'}n_kn_m\delta_{ij}-\frac{3}{2}\overline{u_i'u_k'}n_jn_k-\frac{3}{2}\overline{u_j'u_k'}n_in_k\right)\frac{k^{\frac{3}{2}}}{C_l\varepsilon d}+\\&C_2'\left(\Phi_{km,2}n_kn_m\delta_{ij}-\frac{3}{2}\Phi_{ik,2}n_jn_k-\frac{3}{2}\Phi_{jk,2}n_in_k\right)\frac{k^{\frac{3}{2}}}{C_l\varepsilon d}-\\&\frac{2}{3}\rho\varepsilon\delta_{ij}-2\rho\Omega_k(\overline{u_j'u_m'}e_{ikm}+\overline{u_i'u_m'}e_{jkm})\end{aligned}\tag{3-2}$$

式中,u_i 为 i 向速度分量;μ 为紊动黏度;k 为紊动能;ε 为耗散率;n_k 为壁面单

位法向矢量 x_k 分量；d 为研究位置到固体壁面的距离；$\Phi_{jk,2}$ 为压力应变项，定义为：

$$\Phi_{jk,2} = -C_2\left(P_{ij} - \frac{2}{3}P\delta_{ij}\right) \tag{3-3}$$

其中

$$P_{ij} = -\rho(\overline{u_i'u_k'})\frac{\partial u_j}{\partial x_k} + \overline{u_j'u_k'}\frac{\partial u_i}{\partial x_k} \tag{3-4}$$

而 $P = P_{kk}/2$；$C_l = C_u^{3/4}/\kappa$，C_u 为常数，取 0.09，κ 为 Karman 常数，取 0.4817；C_1'、C_2'、C_1、C_2、σ_k 分别为常系数，分别取 0.5、0.3、0.39、0.60、0.82。在上述方程中，包含紊动能 k 和耗散率 ε。因此，在使用 RSM 时，需要补充 k 和 ε 的方程，如下：

$$\frac{\partial(\rho k)}{\partial t} + \frac{\partial(\rho k u_i)}{\partial x_i} = \frac{\partial}{\partial x_j}\left[\left(\mu + \frac{\mu_i}{\sigma_k}\right)\frac{\partial k}{\partial x_j}\right] + \frac{1}{2}P_{ii} - \rho\varepsilon \tag{3-5}$$

$$\frac{\partial(\rho\varepsilon)}{\partial t} + \frac{\partial(\rho\varepsilon u_i)}{\partial x_i} = \frac{\partial}{\partial x_j}\left[\left(\mu + \frac{\mu_i}{\sigma_\varepsilon}\right)\frac{\partial\varepsilon}{\partial x_j}\right] + C_{1\varepsilon}\frac{1}{2}P_{ii} - C_{2\varepsilon}\rho\frac{\varepsilon^2}{k} \tag{3-6}$$

式中，μ_i 为紊动黏度；$C_{1\varepsilon}$、$C_{2\varepsilon}$、σ_k、σ_ε 为常数，分别取 1.44、1.92、0.82、1.0。

3.2.3 边界条件

为减少模型网格数及计算时间，同时保证计算的准确性，在进出口选取周期性边界条件，认为水流在一系列沙波上已充分发展，此时流场的边界形状及流场结构存在周期性变化特征，进出口水流特性基本相同。因壁面附近流场梯度较大，对整个紊流场的计算影响显著，因此需要在模型底部边界进行特殊处理。模型采用壁面函数法，即用半经验公式将自由流中的紊流与壁面附件的流动连接起来。计算域的上边界采用对称边界条件：$\partial/\partial z = 0$ 和 $v = 0$。流体计算区域如图 3.6 所示。

3.2.4 网格划分

沿水流方向，沙波截面和水流特性具有周期性，模型选取一个沙波周期进行数值研究。由于采用壁面函数法，在划分网格时，不需要在壁面区加密，只需要把距壁面第 1 个内节点布置在对数律成立的区域。对数区的 $y+ > 30 \sim 60$，流场计算完成后查看 $y+$ 的值，再进行调整。垂向网格渐变率 $R = 1.1$，上疏下密；纵向网格均匀布置，$R = 1$。流体计算网格如图 3.7 所示。

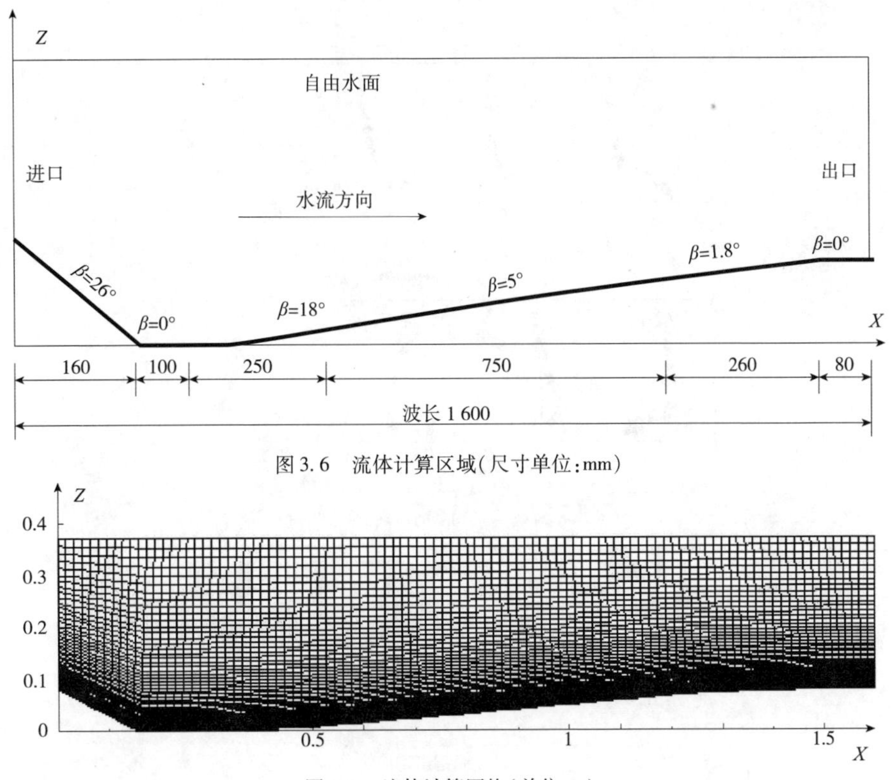

图 3.6　流体计算区域(尺寸单位:mm)

图 3.7　流体计算网格(单位:m)

3.3　模型验证

为验证模型的准确性,选取 Mierlo 和 Ruiter[6] 的试验数据进行验证。沙波波长 1.6m,波高 0.08m,沙波表面泥沙中值粒径 D_{50} =1.6mm。选取 T6 组次试验数据对模型进行验证,其中流量 Q =0.257m^3/s,水深 d =0.334m,弗汝德数 Fr =0.29。

计算模型与试验模型尺寸相同,选取距前一个波峰位置为 0.13m、0.48m、0.82m 和 1.27m 典型断面的计算值与实测值进行比较(图 3.8)。结果表明,计算值与实测值基本吻合,其中纵向流速不管是分布规律还是数值大小吻合度最高,体现了很好的一致性,但垂向流速、紊动动能和雷诺切应力在波谷附近与实测值存在差异,越靠近波峰,吻合度越高。根据 Best[10] 的实测结果可知,上述差别主要是由于沙波背流面存在较强的漩涡,而 RANS 模型不能够有效地模拟涡流结构所致,这与 Yoon[11] 的模拟结果基本一致。整体而言,模型能有效地模拟出紊流变化规律,准确地刻画峰值出现的位置和范围,可用于模拟整个沙波上的紊流特性。

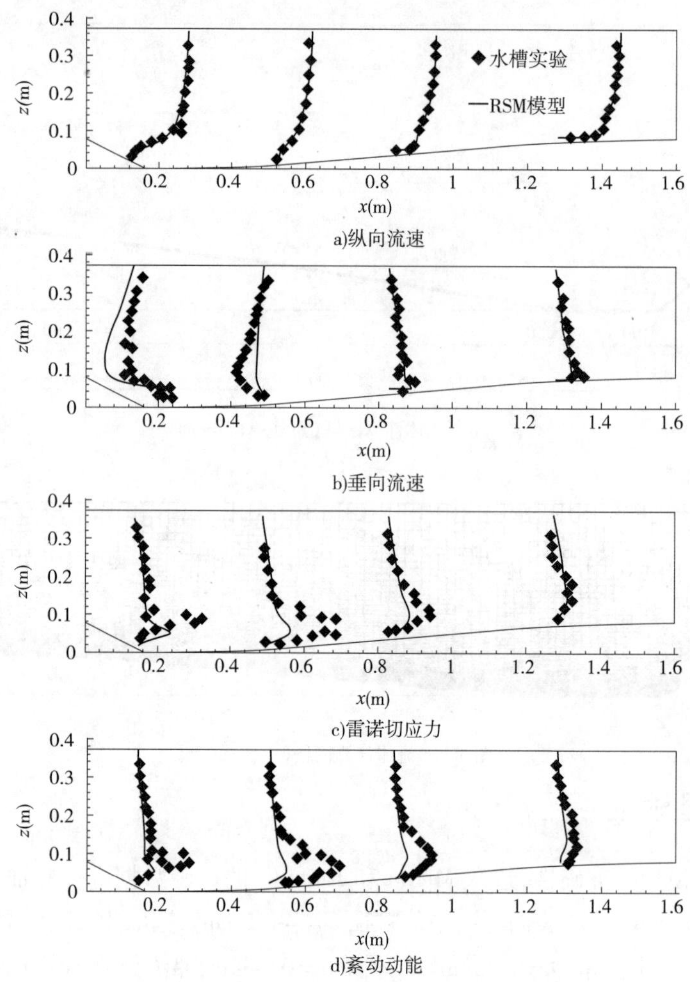

a)纵向流速

b)垂向流速

c)雷诺切应力

d)紊动动能

图 3.8　各位置处计算值与实测值的比较

3.4　水深对沙波紊流特性的影响

为了方便比较，突出水深对沙波紊流特性的影响，在不同水深下所选取的沙波尺度相同，采用 Mierlo 和 Ruiter[6] 试验时的沙波尺度，沙波波陡 $h/\lambda = 1/20$。取平均流速基本相同，共进行 4 组数值试验，具体参数见表 3.1。选取距前一个波峰位置为 0.13m、0.48m、0.82m 及 1.27m 的典型断面进行分析。

数值模拟试验工况 表 3.1

组次	平均水深 d(m)	相对水深 d/h	平均流速 U_o(m/s)	Fr($=U_o/\sqrt{gd_1}$)	R_e($=U_oh/\nu$)
1	0.160	2	0.562 5	0.448 981	90 000
2	0.335	4	0.552 2	0.304 628	185 000
3	0.480	6	0.562 5	0.259 219	270 000
4	0.680	8	0.544 1	0.210 671	370 000

3.4.1 纵向流速

图 3.9 表明沙波各位置处,纵向相对流速受水深影响程度不同:波谷附近 0.13 和 0.48 测点受水深影响大于离波谷较远的 0.82 和 1.27 测点。研究认为:当水流流经波谷时,因沙波地形作用形成回流区,造成近底流速减小、上部流速增加的特性。根据 Stoesser[5] 数值模拟结果可知,波谷附近的漩涡结构使得纵向流速分布差别较大;当水流流向波峰时,因远离回流区,且受加速次生流作用,纵向流速分布较为一致,与水深关系并不明显,只有近底存在着细微差别。

从图 3.9 中还可以看出,不同位置处,纵向相对流速受水深影响的变化规律也不同。0.13 和 0.48 测点处,相对水深越小,纵向流速分布越不均匀,呈现近底流速越

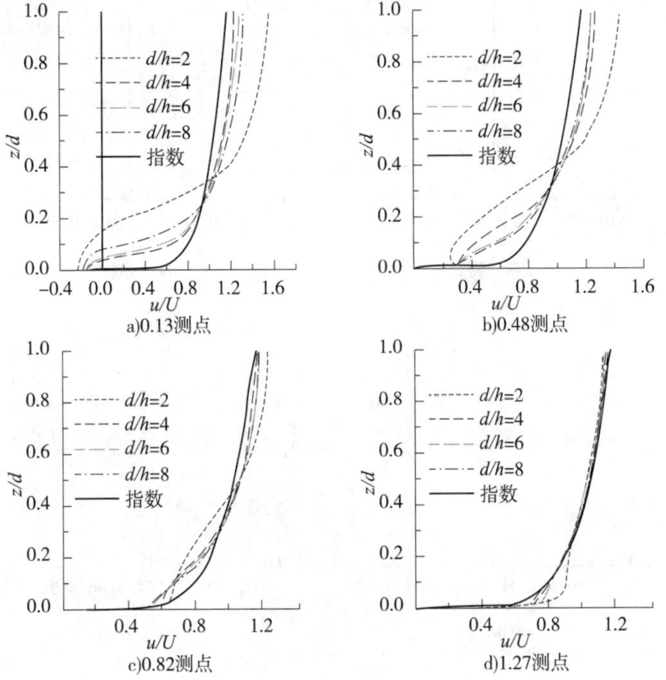

图 3.9 不同水深下纵向流速分布

小、上部流速越大的特性，当相对水深 $d/h=2$ 时，分布曲线已偏离指数分布规律较多。而在 1.27 测点处，相对水深越小，纵向流速分布越均匀，上部分布规律基本相同，近底流速随相对水深的减小而增加。

值得注意的是，在所有位置处，相对水深 $d/h=2$ 的纵向流速分布曲线偏离其他水深较多；而相对水深 $d/h=6$、8 的分布曲线近乎重叠，此时沙波作用范围仅局限于近底部分，上部相对纵向流速分布规律受水深影响较小，与明渠均匀流的水流条件基本一致。

3.4.2 垂向流速

不同水深下相对垂向流速分布如图 3.10 所示，正值代表流速向上，负值代表向下。由计算结果可知，相对垂向流速分布存在 2 种典型断面，不同位置处受水深影响的变化规律也不同：在 0.13 和 0.48 测点处，垂向流速从下到上先正后负，整体分布呈“C”形。0.13 测点的峰值随着相对水深的增加而增加，当相对水深$d/h=$

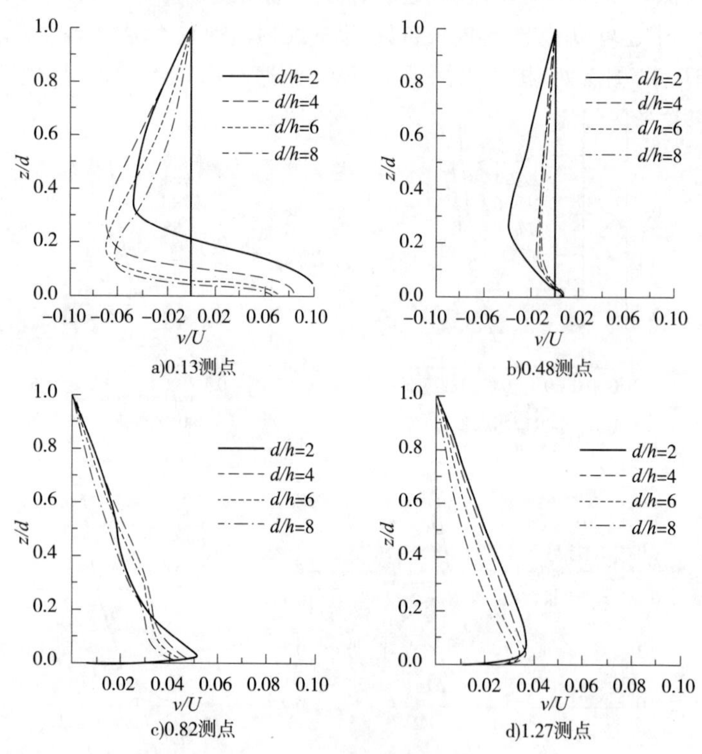

图 3.10 不同水深下垂向流速分布

2时,反而变小;而0.48测点的峰值随着相对水深的增加而增加,相对水深 $d/h=2$ 的峰值是其他水深的300%左右。0.82和1.27测点的垂向分布曲线基本符合三角形分布,上部呈直线分布,而下部很小,基本可以忽略,峰值的大小和位置随相对水深的增加而增加,且每次增加的量值基本相等。

在平均流速接近的情况下,令:

$$U=\frac{Q}{f(x)} \tag{3-7}$$

式中,U 为平均流速;Q 为流量;$f(x)$ 为过水断面面积与水平距离的函数。

对式(3-7)微分得:

$$\frac{\partial U}{\partial x}=-\frac{Qf'(x)}{f^2(x)}=-\frac{Uf'(x)}{f(x)}>0 \tag{3-8}$$

本书中,式(3-8)中的 $f'(x)$ 因沙波尺度不变而在不同水深下相等,U 也是如此。所以水深越小,过水断面面积就 $f(x)$ 越小,$\partial U/\partial x$ 就越大。

根据质量守恒方程:

$$\frac{\partial U}{\partial x}+\frac{\partial V}{\partial z}=0 \tag{3-9}$$

可知,$\partial U/\partial x$ 增大,$-\partial V/\partial z$ 也增大,即水深越小,$-\partial V/\partial z$ 越大,这与图3.10中0.82和1.27测点处不同水深下垂向流速分布规律基本一致,同时也说明了模型的正确性。值得注意的是,以上结论均是在平均流速基本接近的情况下得到的,若不等,则可以通过上述方法进行计算比较。

3.4.3 雷诺切应力

图3.11所示为不同水深下雷诺切应力分布情况。0.13、0.48及0.82测点的相对雷诺切应力分布曲线受水深影响较大,峰值的大小和位置随着水深的减小而增大;1.27测点处不同水深下的分布曲线差别不大,峰值位置随相对水深的增加而增加,峰值大小反而减小。研究认为:前3个测点位于波谷附近,因沙波作用高度有限,上部呈直线分布规律,直线段随着相对水深的减小而减小,底部受回流区紊动影响,垂向分布曲线底部存在突出的峰值,越靠近波峰,紊动越小,峰值逐渐消失,分布曲线也更为平滑;1.27测点远离回流区,且迎流面上的加速次生流对水体紊动有抑制作用,水深越小,次生流作用越明显,水体紊动强度也就越低。

从图3.11中还可以看出:当相对水深 $d/h=2$ 时,0.13测点的直线段较短,基本可以忽略,此时雷诺切应力的分布规律背离其他水深较多,曲线上部已不再满足直线变化规律,且峰值的大小及范围,均远大于其他情况,此时可认为沙波作用高度已大于水体高度。和相对纵向流速分布规律一样,不同测点处相对水深 d/h 为 6 和 8 的雷诺切应力分布曲线同样几乎重叠,尤其是曲线上部,吻合度更高。通过研究分析可知,水深对相对紊动动能分布规律的影响与相对雷诺切应力基本相同。

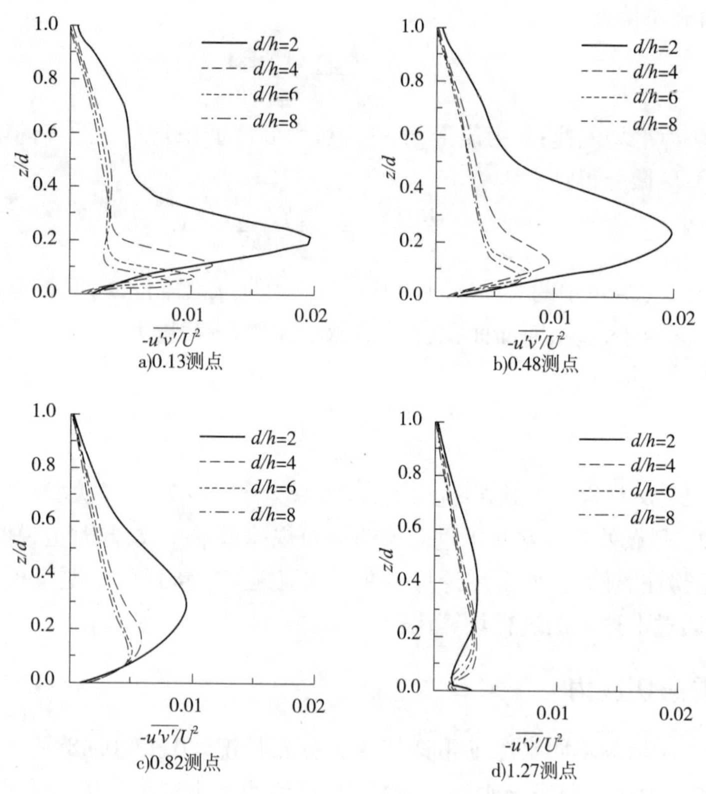

图 3.11　不同水深下雷诺应力分布

3.4.4　紊动动能

不同水深以及不同位置处的紊动动能分布如图 3.12 所示。值得注意的是,水深对紊动动能的分布规律的影响与雷诺切应力基本相同。当相对水深较小,沙波的作用高度大于整个水深时,分布规律与小于时的情况差异较大。当相对水深达到 6 ~ 8 时,沙波的主要作用范围在 0.2 倍的相对水深以下,对上部水体的作用已经不是很明显,故可以认为当相对水深大于 8 时,沙波的作用范围仅局限在近底水体,上部水流与均匀流相似,服从均匀流的各项分布规律。

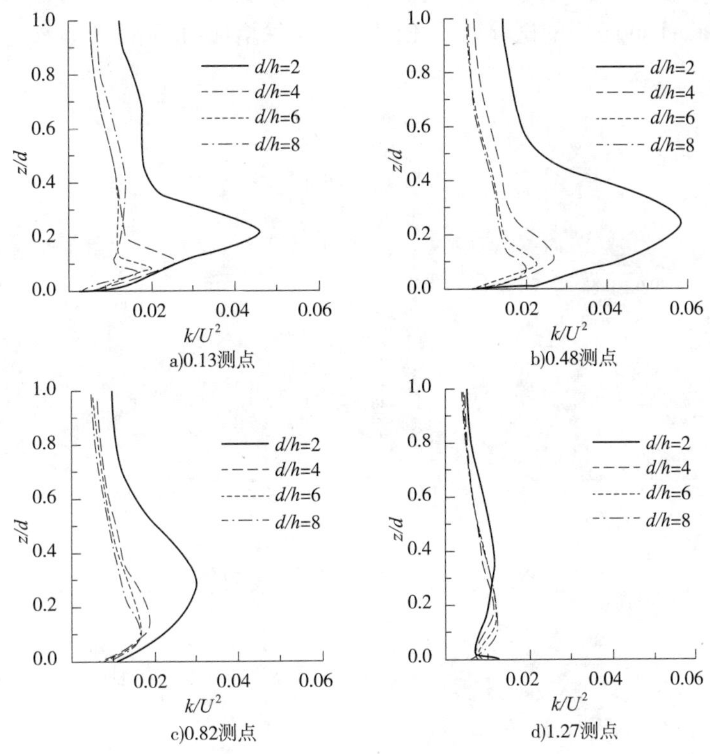

图 3. 12 不同水深下紊动动能分布

3. 4. 5 压强

压强在迎流面中部存在最大值,并向两侧波峰递减,在波峰处达到最小值。研究认为:水流从波峰俯冲下来,会在迎流面形成较为强烈的冲击,根据牛顿第三运动定律可知,迎流面势必会给水体一个作用力,使得局部压强增大。根据图 3. 13 试验数据可知,最大压强值随相对水深的增加而减小,即水深越大,水体对沙波的冲击力越小。同样,沙波对水体的作用力也越小,这与水深越大沙波阻力越小的结论是一致的。

从图 3. 13、图 3. 14 可以看出,最大压强水平位置随着相对水深而变化。在相对水深 $d/h=2$ 时,$x_L/h=6.2$;当 $d/h=2\sim4$,最大压强位置 x_L/h 随相对水深的增加而减小;而当相对水深 $d/h>4$ 时,x_L/h 基本保持不变。图 3. 14 显示,最大值压强位置及变化规律与前人研究的再附点基本一致:$d/h=2\sim4$ 时,计算值介于前人水槽试验数据之间,变化斜率与 Nakagawa[12] 结果基本一致;虽然当 $d/h>4$ 时,最大压强水平位置大于 Balachandar[3] 的试验结果,但两者随水深增加均基本保持不变。

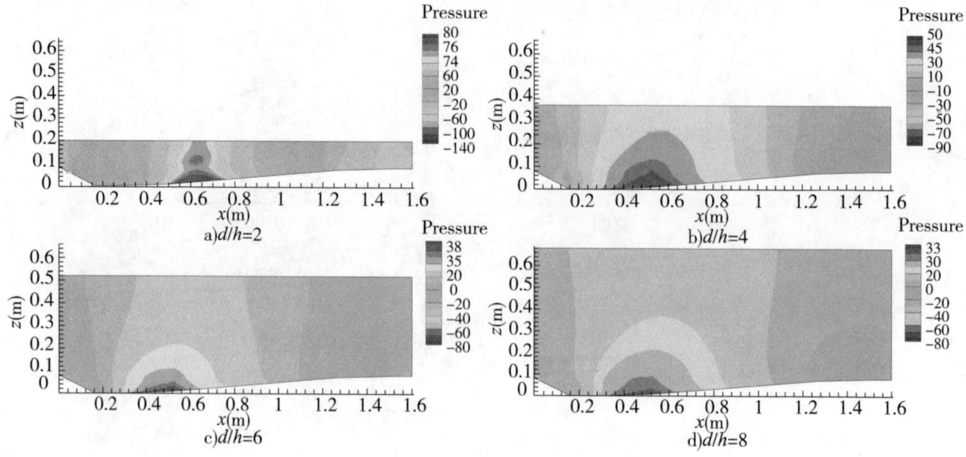

图 3.13　一个沙波周期纵剖面压力分布

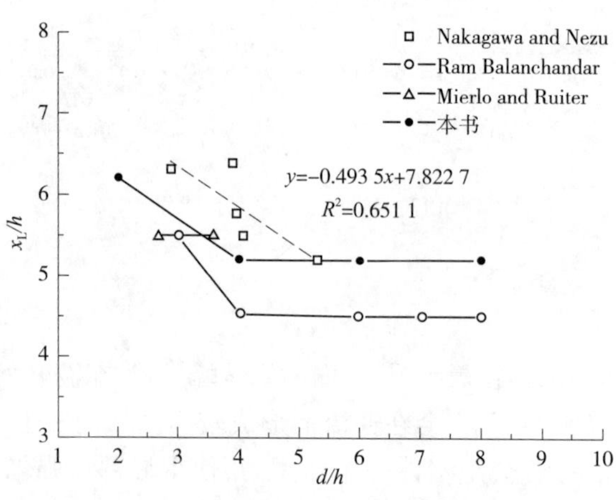

图 3.14　最大压强点位置随水深变化关系

3.5　小结

(1)沙波不同位置处的紊流特性受水深影响程度和变化规律不同。波谷附近的紊流特性主要受回流区紊流和涡流结构影响,相对水深越小,紊动强度越高,流速分布越不均匀;波峰附近主要受加速次生流影响,紊流特性则与之相反。

(2)在相对水深较大的条件下,各项水力参数的垂向分布曲线在上部区域基本重合,流态与均匀流接近,水深影响几乎可以忽略,沙波只作用在近底水体,水深越大,沙波作用范围也逐渐减小。研究认为,当相对水深大于 6 ~ 8 时,水力参数垂向分布差别已不是很大。

(3)在相对水深较小($d/h<4$)的条件下,其各项水力参数偏离其他水深较多,这主要是由于沙波作用高度已大于水体,此时紊流特性有别于其他情况,应专门进行研究。

(4)最大压强位置受水深影响的变化规律与再附点基本一致,随着相对水深的减小而增大,当相对水深大于 4 时,其值基本保持不变,可将最大压强作为再附点位置的判断依据,通过研究压强变化来研究再附点。

本章参考文献

[1] James C S, Cottino C F G. An experimental study of flow over artificial bed forms [J]. WATER SA-PRETORIA-, 1995(21): 299-306.

[2] Engel P. Length of flow seperation over dunes[J]. Journal of the Hydraulics Division, 1981(107): 1133-1143.

[3] Balachandar R, Hyun B S, Patel V C. Effect of depth on flow over a fixed dune [J]. Canadian Journal of Civil Engineering, 2007, 34(12): 1587-1599.

[4] Polatel C. Large-scale roughness effect on free-surface and bulk flow characteristics in open-channel flows[M]. ProQuest, 2006.

[5] Stoesser T, Braun C, Garcia-Villalba M, et al. Turbulence structures in flow over two-dimensional dunes [J]. Journal of Hydraulic Engineering, 2008, 134 (1): 42-55.

[6] Mierlo M, De Ruiter J C C. Turbulence measurements above artificial dunes[J]. Report Q789, Delft Hydraulics Lab, Delft, The Netherlands, 1988.

[7] 辛颖. Fluent UDF 方法在数值波浪水槽中的应用研究[D]. 大连:大连理工大学, 2013.

[8] 于勇. FLUENT 入门与进阶教程[M]. 北京:北京理工大学出版社, 2008.

[9] 王福军. CFD 软件原理与应用[M]. 北京: 清华大学出版社, 2004.

[10] Best J L. Kinematics, topology and significance of dune-related macroturbulence: some observations from the laboratory and field[J]. Fluvial sedimentology VII, 2005(35): 41-60.

[11] Yoon J Y, Patel V C. Numerical model of turbulent flow over sand dune[J]. Journal of Hydraulic Engineering, 1996, 122(1): 10-18.

[12] Nakagawa H, Nezu I. Experimental investigation on turbulent structure of backward facing step flow in an open channel [J]. Journal of Hydraulic Research, 1997(25): 67-88.

第4章 ▶ 沙波流速垂线分布规律研究

4.1 明渠流速垂线分布规律研究现状

4.1.1 常用均匀流流速垂线分布公式

流速及其垂线分布是反映水流运动特性的基本指标[1]。目前多采用理论加试验的方法进行研究,测量设备从早期的毕托管、热膜仪(hot-film)到现在的声学多普勒测速仪(ADV,Acoustic Doppler Velocinetry)、激光多普勒测速仪(LDV,Laser Doppler Velocinetry)及粒子图像测速仪(PIV,Particle Image Velocinetry),应用这些先进的测量方法及手段,各国学者对明渠水流展开精细的试验研究,流速的分布变化规律越来越被人们了解和认识。

流速垂向分布规律与河流的形状、边界条件等因素有关。综合考虑各种因素且在各流层均适用的表达式还不存在。目前,多限于讨论恒定、均匀、二维紊流的时均流速分布。常见的分布公式如下。

1)对数流速分布公式

Prandtl[2]提出了关于掺混长度 l 假设的动量传递理论,极大地推动了流体力学的发展。在研究明渠紊流特性流速分布时,Kedegan[3]将平板边界层的研究成果应用到明渠均匀流,指出明渠流动中断面流速呈对数规律分布;根据水流底部切应力与流速梯度呈线性关系,推导得到对数型流速公式:

$$\frac{u-u_{\max}}{u_*}=\frac{1}{\kappa}\ln\left(\frac{z}{d}\right) \tag{4-1}$$

式中,$u_{\max}$为表面流速;u 为垂向相对位置 z/d 处的时均流速;u_* 为摩阻流速($u_*=\sqrt{ghJ}$,J 为能坡);d 为断面水深;κ 为卡门常数,一般取0.4。

这使人们的认知不再局限于明渠均匀流的平均流速,可以进一步了解流速分布规律。实际明渠中,流速分布规律大部分与对数流速公式基本吻合,但是在接近水面处,流速分布并非与对数流速分布同样存在最大值,而是有所减小;在河底处,

$u|_{z=0}=-\infty$,这也与实际情况不符。

除了揭示实际明渠均匀流流速分布规律外,对数公式在实际应用过程中,还可以通过给定卡门常数值 κ,来反算摩阻流速 u_*。

2)指数型流速分布公式

19 世纪后期,人们根据大量的明渠和管道试验资料,得到以下形式的指数流速分布公式:

$$u=U_{\max}\eta^{m} \tag{4-2}$$

式中,$U_{\max}$为最大流速值;m 为与雷诺数及相对粗糙度有关的系数,一般取 1/9 ~ 1/5,本书取 1/6;η 为垂向相对位置($\eta=z/d$)。指数型流速分布公式虽然也被广泛采用,但与对数流速分布公式的缺陷一样,垂线最大流速在水面与实际流速分布情况并不相符。

3)抛物线型流速分布公式

Bazin 和 Boussinesq[4]通过分析试验资料,得到了二次曲线形式垂线流速分布式:

$$u=u_{\max}-m\sqrt{hJ}\left(1-\frac{z}{d}\right)^{2} \tag{4-3}$$

式中,m 为介于 22 ~ 24 之间的经验值。

4)椭圆形流速分布公式

$$u=u_{\max}\sqrt{1-P\left(1-\frac{z}{d}\right)^{2}} \tag{4-4}$$

式中,P 为无因次参数,$P=\frac{mu^{2}}{Cu_{\max}^{2}}$;$m$ 为与谢才系数有关的常数。

当 $10\leqslant C\leqslant 60$ 时

$$P=0.57+\frac{3.3}{C}$$

$$m=0.7C+6$$

当 $60<C\leqslant 90$ 时

$$P=0.0222C\sim 0.000197C^{2}$$

$$m=48$$

5)反双曲线正切

Zagustin[4]在"脉动能量平衡"新概念的基础上给出了一个光滑管道中紊流的分析解,得到的流速分布公式为:

$$\frac{u_{\max}-u}{u_*}=\frac{2}{k}\operatorname{artanh}\left(1-\frac{z}{d}\right)^{\frac{3}{2}} \tag{4-5}$$

6)其他形式

除了以上流速垂线分布公式外,张红武[4]、Goncharov[4]、Karman[4]等人也相应提出了自己的公式。

目前,虽然流速垂线分布公式很多,且在实践中有着较广的运用,但这些成果还处于经验或半经验、半理论的阶段,在理论上还存在一定的缺陷,且有时与实际情况还不是完全相符。近年来,分形理论在水力学、河流动力学及河流形态等方面得到了重视,黄才安[4]从分形理论角度出发,探讨了明渠水流流速的分布规律。其研究表明:流速垂线分布在正常坐标或者适当的坐标转换下表现出局部与整体的自相似现象,并用分形的标度率概念建立起各个流速公式,对于标度律中的标度指数,由于不同的坐标变换,标度指数会有很大的差异,因此还有待进一步探讨。

4.1.2 流速分区结构研究

对于上述流速分布公式的适用范围,不同的学者给出了不同的观点,有些学者认为部分公式几乎适用全部水深,而也有部分学者认为明渠存在类似平板边界层的流速分区结构。

Cardoso 等[5]利用毕托管和热膜仪对光滑明渠水槽均匀流进行水槽试验,并认为:在外区($0.2<z/d<0.7$),流速分布规律稍微偏离对数流速分布规律,尾流强度系数 Π 为 0.08;在靠近水面区($0.7<z/d<1.0$),由于次生流的影响,尾流效应得到削弱,对数流速分布规律适用于整个水深。

董曾南等[6]利用一维激光测试速仪对光滑壁面明渠均匀流进行水槽试验研究。试验结果表明:流速在垂直方向上存在明显的分区结构。在黏性底层($0\leqslant z^+<8\sim10$),流速为线性分布,$u^+=z^+$;在过渡层($8\sim10\leqslant z^+\leqslant22\sim24$),流速基本服从对数流速分布公式,$u^+=12.8\lg z^+-3.42$;在紊流层($z^+>22\sim24$),流速同样也服从对数分布规律,此时 $u^+=6.12\lg z^++5.49$。

Stuffler 等[7]通过使用 LDV 对光滑明渠均匀流进行水槽试验,并认为:水流流速在黏性底层服从线性分布;在中心区,水流受水槽壁面的影响较小,基本服从对数流速分布规律,公式参数与 Nikuradse 管道试验结果基本一致;靠近水槽壁面处,因边壁的影响,流速有所减小。

Nezu 等[8]利用二维激光多普勒测速仪研究了光滑壁面水槽均匀紊流,认为光滑壁面的明渠流动存在黏性底层,在黏性底层内的流速呈线性分布,过渡区之外的流速分布遵循对数公式或尾流律。

目前,对明渠均匀流流速分区分布规律的研究,集中在以下几个方面[9]:

1）紊流分区结构

根据断面流速分布特征，可对紊流进行分区。目前，对如何分区还没形成统一的观念。部分学者认为，类似于平板边界层流动，明渠均匀流可分为内区和外区。内区中又分为黏性底层、过渡层和紊流层。还有部分学者认为，明渠水流只要分为黏性底层、过渡层和紊流层，意味着明渠水流与平板边界层的流动是有区别的。这两种观点的存在，实际上是对均匀流断面流速分布有着不同的认识。不过，在紧靠壁面存在黏性底层，黏性底层内流速为线性分布这一点上，认识是一致的。紊流分区结构如图 4.1 所示。

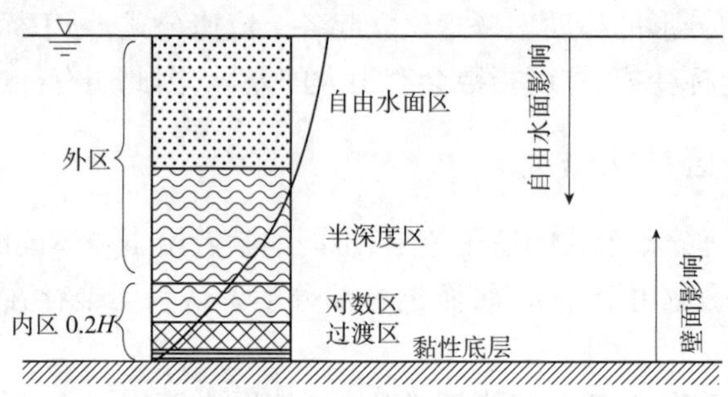

图 4.1　明渠紊流沿水深的分区结构[10]

2）断面时均流速分布

在不同的紊流分区，有相应的流速分布函数。

(1)在黏性底层，为线性流速分布：

$$u^{+}=z^{+} \tag{4-6}$$

(2)在紊流区，为对数流速分布：

$$u^{+}=A\lg z^{+}+B \tag{4-7}$$

式(4-7)中 A 包含卡门常数 κ，不同学者给出的 κ 和 B 略有差异：

Nezu	$\kappa=0.412\pm0.011$	$B=5.29\pm0.47$
Cardoso	$\kappa=0.401\pm0.016$	$B=5.10\pm0.96$
董曾南	$\kappa=0.376\pm0.04$	$B=5.49\pm0.40$
Steffler	$\kappa=0.4$	$B=5.5$

在外区，用尾流函数修正的对数流速分布：

$$u^{+}=A\lg z^{+}+B+\omega(\xi) \tag{4-8}$$

虽然许多专家对明渠均匀流做了大量的研究，也取得了许多成果，不同的学者也提出了自己不同的均匀流流速公式。但天然河流中，由于地形地貌等影响，很难形成水槽试验中的恒定均匀流，往往都是非恒定、非均匀流，这就增加了以上公式的使用难度。因此,在非恒定、非均匀流的情况下,以上公式是否适用,是否存在其他影响流速垂线分布规律的因素,还有待进一步研究。

4.1.3 非均匀流流速研究

目前,国内外对非均匀流流速分布规律研究不多。20 世纪 90 年代中期,Kironoto 和 Graf 通过试验研究认为[11]:

(1)与均匀流相比,紊动强度 u'_x/u_*、u'_z/u_*、雷诺应力$\rho\overline{u'_x u'_z}$以及紊动黏滞系数 ε 在加速流中有所减小,而在减速流中则增大。

(2)在流动区($\eta=z/h\leqslant0.2$),实测流速仍遵守对数分布规律;而在流动外区($\eta>0.2$),时均流速分布规律可用 Coles 的对数—尾流分布规律描述,但是其中的尾流强度 Π 随非均匀性参数 β 而变。当 $\beta<1$(加速流)时,$-1<\Pi<0.2$;$\beta>1$(减速流)时,$\Pi>0.2$;$\beta=1$(均匀流)时,$\Pi=0.2$。二维明渠中,Coles 的对数—尾流分布规律为:

$$\frac{u_{\max}-u}{u_*}=\frac{1}{\kappa}\ln\left(\frac{z}{d}\right)+\frac{2\Pi}{\kappa}\cos^2\left(\frac{\pi z}{zd}\right) \tag{4-9}$$

$$\beta=\frac{\gamma d}{\tau_0}\left(\sin\theta-\frac{\partial d}{\partial x}\cos\theta\right)=\frac{J_w}{J_f} \tag{4-10}$$

式中,$u_{\max}$为垂线最大流速;u 为垂线上点的时均流速;u_* 为摩阻流速;d 为水深;z 为点高程;κ 为卡门常数;γ 为水的重度;τ_0 为床面剪力;θ 为床面与水平的交角;J_w为水面比降;J_f为能坡。由于上式中 Π 不是确定值,该式不便使用。此外,非均匀流的紊动结构与均匀流不同,为何在流动内区同样遵循对数分布规律也不清楚。

何建京、王惠民[12]在分析激光测速试验资料的基础上,通过与正坡上流速分布特性比较,发现负坡垂线流速分布中的卡门常数相对正坡时较小,负坡上的非均匀流黏性底层范围和厚度均大于正坡上的非均匀流黏性底层范围和厚度等;并在试验基础上,拟合了适用于负坡上非均匀流垂线流速分布公式:

$$\frac{u}{\overline{u}}=0.25\lg\frac{1\,000z}{d}+0.34 \tag{4-11}$$

式中,$\overline{u}$ 为平均流速;u 为垂线上点的时均流速;d 为水深;z 为点高程。

乐培九[13]从动量方程出发对非均匀流进行研究,认为非均匀流流速是由元生流和在加(减)速过程中产生的次生流的矢量和,并提出次生流流速分布公式,下文将着重介绍。

4.2 乐培九次生流理论

乐培九[13]指出对于断面宽深比较大的平原河流,特别是海滩,可近似视为二维水流,但一般是非均匀流。非均匀流水流结构与均匀流有着明显的不同,非均匀性愈强,差别也愈大,沿用均匀流的研究成果来分析研究非均匀性较强的问题,往往会产生较大的偏差。

4.2.1 二维恒定流非均匀流运动方程

乐培九从三维雷诺方程出发,在直角坐标系上,x 轴为水流方向,y 轴为水平方向,z 轴为垂直向上方向。取沿着水流方向的垂直面,此时$\overline{u_y}=0$,$\overline{u_z}\approx 0$,略去黏性项及相对较小的$\frac{\partial \overline{u'^2_x}}{\partial x}$和$\frac{\partial \overline{u'_y u'_x}}{\partial y}$项,在恒定条件下,三维雷诺方程就简化成一种剖面平行流动问题,其方程为:

$$X-\frac{1}{\rho}\frac{\partial p}{\partial x}-\frac{\partial}{\partial z}(\overline{u'_z u'_x})=\frac{\partial \overline{u_x^2}}{\partial x} \tag{4-12}$$

$$Z-\frac{1}{\rho}\frac{\partial p}{\partial z}=0 \tag{4-13}$$

式中,X 和 Z 为单位质量力;p 为压力;ρ 为水体密度;u_x 为 x 方向流速;u'_z、u'_x为 x 及 z 方向的脉动流速;"—"表示时均值,下文予以省略。在只有重力作用的情况下,单位质量力为:

$$X=g\sin\theta\approx -g\frac{\partial z}{\partial x}$$

$$Z=-g\cos\theta\approx -g$$

式中,θ 为床面水平面交角,是个很小的数。

由式(4-13)积分得:

$$p=-\rho gz+c$$

在水面

$$z=\xi p=Pa$$

则

$$p=P_{\mathrm{a}}+\gamma(\xi-z)$$

式中,P_{a} 为大气压,ξ 为水位高。

于是

$$\frac{\partial p}{\partial x}=\gamma\left(\frac{\partial \xi}{\partial x}-\frac{\partial z}{\partial x}\right)=\gamma J_{\mathrm{w}}-\gamma\frac{\partial z}{\partial x}$$

令

$$\tau_{zx}=-\rho\overline{u'_z u'_x}$$

将上述关系有关项代入式(4-12)即得：

$$\gamma J_{\mathrm{w}} + \frac{\partial \tau_{zx}}{\partial z} = \rho \frac{\partial u_x^2}{\partial x} \tag{4-14}$$

式(4-14)为二维恒定非均匀流运动方程。

4.2.2 非均匀流剪力

在均匀流条件下，$J_{\mathrm{w}} = J_{\mathrm{f}}, \frac{\partial u_x}{\partial x} = 0$。通过式(4-14)积分可得均匀流的剪力为：

$$\tau_{zx} = \gamma (h - z) J_{\mathrm{f}} \tag{4-15}$$

假定恒定非均匀流的垂线剪力分布与同水深的均匀流一致，将式(4-15)代入式(4-14)，即得：

$$\gamma (J_{\mathrm{w}} - J_{\mathrm{f}}) = \rho \frac{\partial u_x^2}{\partial x} \tag{4-16}$$

若上述假定成立，应有非均匀流的流速分布与均匀流一致，采用指数分布，即：

$$u_1 = (1 + m) U \eta^m \tag{4-17}$$

式中，u_1 为均匀流的时均流速；U 为垂线平均流速；m 为常数。

将 u_1 取代 u_x，则式(4-16)即为：

$$\gamma (J_{\mathrm{w}} - J_{\mathrm{f}}) = \rho \frac{\partial u_1^2}{\partial x} \tag{4-18}$$

由式(4-17)不难看出，等号左边作用力为常量。由于惯性力沿垂线存在梯度，垂线上力不平衡，出现了力偶。在平衡条件下存在一个相反的力偶，该力偶将导致液体做旋转运动。上述 u_1 为元生流；做旋转运动的是被动的诱导流，称其为次生流，以速度 u_2 表示。两者的合成速度为：

$$u_1 + u_2 = u_x \tag{4-19}$$

式(4-19)表明，非均匀流的速度剖面不同于均匀流，同样，阻力损失在垂线上的分布也不同于均匀流，即式(4-18)不成立。若使式(4-18)成立，必须在式中加入次生流的附加阻力项，即：

$$\gamma (J_{\mathrm{w}} - J_{\mathrm{f}}) + \frac{\partial}{\partial x}(\Delta \tau_{zx}) = \rho \frac{\partial u_1^2}{\partial x} \tag{4-20}$$

式中，$\Delta \tau_{zx}$ 为次生流的附加剪力。

对方程(4-20)进行积分，并根据河床边界条件，当 $\eta = 0$ 时，$\Delta \tau_{zx} = 0$，可得：

$$\Delta \tau_{zx} = -\gamma h (J_{\mathrm{w}} - J_{\mathrm{f}}) \eta + \frac{(1 + m)^2}{1 + 2m} \rho \frac{\partial}{\partial x}(U^2 h \eta^{2m+1}) \tag{4-21}$$

由圣维南方程可知,在恒定条件下:

$$U\frac{\partial U}{\partial x}=g(J_{w}-J_{f}) \tag{4-22}$$

由于$\frac{\partial Uh}{\partial x}=0$,将式(4-22)代入式(4-21)得:

$$\Delta\tau_{zx}=-\gamma h(J_{w}-J_{f})\eta\left[1-\frac{(1+m)^{2}}{1+2m}\eta^{2m}\right] \tag{4-23}$$

取$m=\frac{1}{6}$,则$\frac{(1+m)^{2}}{1+2m}=\frac{49}{48}\approx1$,则式(4-23)即为:

$$\Delta\tau_{zx}=-\gamma h(J_{w}-J_{f})\eta(1-\eta^{\frac{1}{3}}) \tag{4-24}$$

4.2.3 次生流流速分布

根据 Boussinesq 假定,次生流的紊动剪应力为:

$$\Delta\tau_{zx}=\rho\varepsilon_{2}\frac{du_{2}}{dz} \tag{4-25}$$

式中,ε_2 为"次生流"紊动黏性系数,假设与均匀流一致,即:

$$\varepsilon_{1}=\varepsilon_{2}=lu_{*}(1-\eta)^{\frac{1}{2}} \tag{4-26}$$

式中,l 为掺混长度。采用张洪武的假定,即:

$$l=\frac{3}{8}\kappa d\eta^{\frac{1}{2}} \tag{4-27}$$

式中,κ 为卡门常数。

将式(4-27)和式(4-26)代入式(4-25)中,由于式(4-25)与式(4-24)相等,则得:

$$\frac{du_{2}}{d\eta}=a\left[\frac{\eta^{\frac{5}{6}}-\eta^{\frac{1}{2}}}{(1-\eta)^{\frac{1}{2}}}\right] \tag{4-28}$$

$$a_{1}=\frac{8}{3}\frac{gh(J_{w}-J_{f})}{\kappa u_{*}} \tag{4-29}$$

非均匀流的能坡可由圣维南方程组联解求得,即:

$$J_{f}=J_{w}-(J_{w}-J_{o})\frac{U^{2}}{gd} \tag{4-30}$$

将曼宁公式和式(4-30)代入式(4-29)得:

$$a_{1}=\frac{8}{3}\frac{d^{\frac{1}{6}}(J_{w}-J_{o})}{n\kappa\sqrt{g}}U=aU \tag{4-31}$$

式(4-28)经过泰勒展开和积分,解得:

$$u_2 = aU[\arcsin(1-\eta)^{\frac{1}{2}} + \eta^{\frac{1}{2}}(1-\eta)^{\frac{1}{2}} - 2(1-\eta)^{\frac{1}{2}} + 0.56(1-\eta)^{\frac{3}{2}} + 0.28(1-\eta)^{\frac{5}{2}} + 0.0086(1-\eta)^{\frac{7}{2}} + 0.0044(1-\eta)^{\frac{9}{2}} - 0.0795] \tag{4-32}$$

式中,$\eta = z/d$,为垂向相对位置;κ 为卡门常数,本书取 0.4,也有研究表明 κ 在沙波上取值小于 0.4,约为 0.23;J_w 为水面坡降;J_o 为河床底坡;U 为平均流速;n 为曼宁系数。

非均匀流的流速 u_x 是元生流流速 u_1 和次生流流速 u_2 的合成。根据 a 的数值大小,可将次生流流速公式分成以下三种类型:

(1)A 型分布。当 $a=0$ 时,$u_2=0$,此即为恒定均匀流,其流速公式遵循一般的均匀流垂线流速分布公式,如对数、指数等分布规律。

(2)B 型分布。当 $a<0$ 时,河床底层 $u_2<0$,表层 $u_2>0$。与均匀流相比,u_x 的表层流速加大,底层流速减小,分布梯度在主流区比均匀流大,在底层区比均匀流小。该类型常常出现在降水、河道沿水流方向缩窄、洪峰陡涨以及挖槽和港池的出口等河段。

(3)C 型分布。当 $a>0$ 时,河床底层 $u_2>0$,表层 $u_2<0$。与均匀流相比,u_x 的表层流速减小,底层流速加大,在中层出现大肚子,呈反"C"字形分布,其分布梯度在中上层为负梯度,在床面层梯度加大。该型分布的水流常常出现在壅水水库的回水末端、河道沿水流方向展宽、河道洪水陡落、挖槽和港池进口等河段。

图 4.2 所示为次生流相对流速 u_2/a_1 在垂线上的分布。已有泥沙运动问题的研究都是在均匀流(即 A 型分布)中研究的,至于 B、C 型分布是如何影响泥沙运动的,还需进一步进行研究。

目前,均匀流条件下流速分布规律研究的最多,取得的成果也最为丰富。非均匀流条件下的研究成果和流速垂线分布公式就相对少很多,主要研究正、负坡或加、减速两种情况,一般通过研究均匀流的方法或移植均匀流的研究成果来进行研究,乐培九次生流公式给出了一种全新的非均匀流理论推导方法,值得进一步推广研究。沙波流速分布规律相比以上各种情况显得复杂许多。首先,当水流经过沙

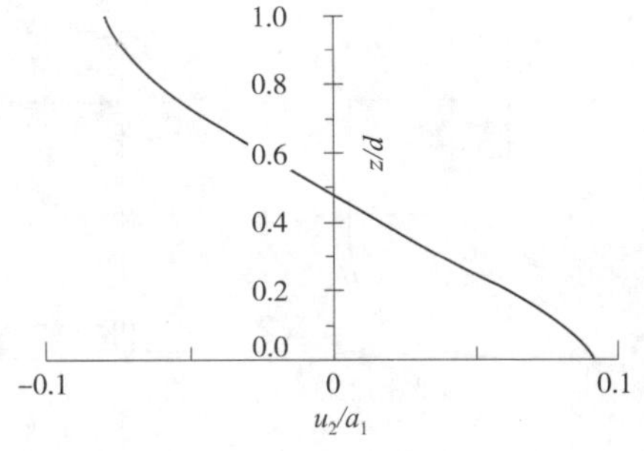

图 4.2 次生流相对流速 u_2/a_1 在垂线上的分布

波时,沙波在空间上呈周期性变化,这就使得流速分布具有空间周期性变化规律;其次,根据第3章可知,水平位置对流速垂线分布有影响,沙波不同位置处的流速垂线分布规律各不相同,并且流速垂线分布规律还受水深影响。因此,想要建立沙波流速垂线分布公式,必须综合考虑空间周期性、水平位置及水深等影响因子的作用。

4.3 沙波垂向流速分布公式研究

为了更好地解决不同坡度沙波泥沙起动问题,需了解沙波河床的流速分布规律。由于沙波背流面存在较为强烈的涡流结构,若要对一个沙波周期内整个断面的流速分布都进行精确的数学描述,目前仍存在很大困难。然而就沙波迎流面而言,确定其流速分布则有可能。

根据试验结果分析可知,沙波迎流面的流速分布规律与乐培九在恒定非均匀流研究中C型分布较为相似。水流在流向波峰时,因沙波地形作用,同样会产生次生流。本章将以其计算公式为基础,结合沙波水流特性,得到了适合描述沙波迎流面的流速垂线分布公式。

4.3.1 沙波理论床面位置

河流动力学中,一般将断面流速零点所在平面定义为理论床面,在计算河流的过水断面、流速分布规律等方面至关重要[14]。如图4.3a)所示,当河床表面光滑时,床面流速为0,在黏性底层内的流速服从线性分布规律,所以此时的理论床面为光滑底床。然而现实河床并不像玻璃水槽一样是光滑底床,而是存在大大小小的各种泥沙颗粒(图4.3b),流速在泥沙颗粒表面的流速值为0,此时就很难界定整个断面的理论床面位置。对于更加复杂的沙波河床(图4.3c),过流断面沿程不断变化,此时如何确定理论床面位置显得更加困难。

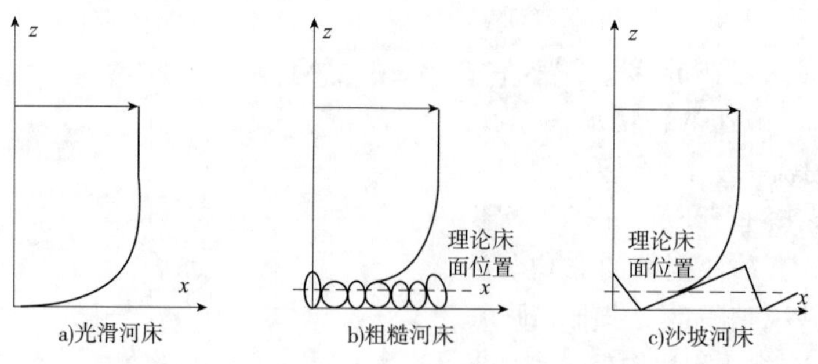

图4.3 理论床面位置

Einstein 等[15]认为,流速与理论床面距离的数值在半对数坐标系中应呈线性变化,并以此来确定理论床面位置。目前的研究成果认为,粗糙河床的理论床面位置位于突起物的最高平面以下 $y_0 = mk_s$ 的地方,目前试验所得到的 m 值为 0.15 ~ 0.35[16],Einstein[17]取 $m = 0.20$,董曾南[18]取 $m = 0.273$,Kamphuis[19]取 $m = 0.30$。

沙波理论床面位置直接取决于沙波河床的断面平均水深、过水面积及平均流速等水力要素的大小。Shen[20]认为,沙波河床的理论床面位置 y_0 可取为沙波波高的一半,即 $y_0 = h/2$,因而沙波河床的断面平均水深 d 就等于沙波波峰处的水深 d_1 加上 $h/2$。James 等[21]通过试验证实了这一做法具有较高的可靠性。唐小南、窦国仁[22]通过试验认为,沙波河床的理论床面位置只取决于沙波形态(与沙波高度 h 以及波陡 h/λ 有关),而与水深无关,并可表示为:

$$y_0 = \frac{1}{2}h + (13.75a + 0.337b - 17.95h)\frac{h}{\lambda} \tag{4-33}$$

对于沙波河床的理论床面位置,将采用 Shen[20]的研究结论。

4.3.2 阻力系数

沙波床面阻力一般由沙粒阻力和沙波阻力构成,此时一般假定综合阻力与单元阻力之间存在线性关系,即床面总阻力等于沙粒阻力与沙波阻力之和,这种处理方法叫做摩阻作用的可加性原理,即已知每个阻力单元的值,可采用该原理求得床面总阻力。Einstein H A 和 Banks R B[23]通过试验认为,摩阻作用的可加性只有在各阻力单元的作用面或者完全分开,或者虽相重但有一定高低间隔,使这些阻力单元之间没有相互影响的条件下才能真正存在。对沙波床面,由于沙波背水面产生回流区,与水流直接接触的床面面积减小,沙粒阻力也相应减小;但另一方面,水流流经沙波波峰产生分离区至下一沙波迎水面时,紊动切应力较大,这又增加了当地的阻力损失;就整个河床的平均情况来说,上述作用相互抵消的结果是沙粒阻力与沙波阻力可以看成独立存在,摩阻作用可加性原理仍可应用[14]。因此,可以猜想摩阻单元可加性原理适于本书的试验条件,能采用该原理对沙波床底的综合阻力分别计算再求和。

根据摩阻作用可加性原理,沙波床面的总切应力 τ_b 可以分解为沙粒剪应力 τ_b' 与沙波剪应力 τ_b'' 之和,即:

$$\tau_b = \tau_b' + \tau_b'' \tag{4-34}$$

根据各阻力系数间的关系:

$$\frac{U}{U_*} = \frac{C}{\sqrt{g}} = \frac{R^{\frac{1}{6}}}{n\sqrt{g}} = \sqrt{\frac{8}{f}} \tag{4-35}$$

假定 $R_b = R_w = R$，有：

$$\tau_b = \frac{\rho U^2}{8} f_b, \tau_b' = \frac{\rho U^2}{8} f_b', \tau_b'' = \frac{\rho U^2}{8} f_b''$$

因此：

$$f_b = f_b' + f_b'' \tag{4-36}$$

式中，f_b、f_b'和f_b''分别为床面总阻力系数、沙粒阻力系数和沙波阻力系数。

1）沙粒阻力系数

沙粒阻力是指二维水流在床面保持平整时所承受的阻力，当水流流经河床表面时，受到河床表面泥沙颗粒的阻滞作用即为沙粒阻力。水流绕过床面沙粒后形成漩涡，漩涡脱离边界进入主流区，并分解成尺寸更小的漩涡，如此一级一级地分解，能量也一级一级地减小。最小的漩涡因当地水流的黏滞作用，将能量转化为热能，沙粒阻力主要是由这些漩涡造成的。由于紊流绕过沙粒时所产生的漩涡直接位于沙粒附近，因而沙粒阻力对推移质泥沙运动起决定性作用，对研究河流阻力以及输沙率等问题具有重要的意义[14]。

Shen 等[20]在长 15.25m、宽 0.61m、高 0.76m 的水槽中，采用波高为 0.137m，波长为 0.915m 的概化沙波模型进行试验，沙波表面采用光滑和粗糙两种床面，其中光滑床面由塑料板制成，粗糙床面由中值粒径 $D_{50} = 1.75$mm 的泥沙粘贴形成。试验中分别对沙粒阻力、沙波阻力和总阻力进行了直接测定，分别得到了光滑和粗糙沙波床面的沙粒阻力计算公式，即：

光滑床面
$$f_b' = \frac{1}{Re^{\frac{1}{4}}}\left(\frac{0.106d}{d_1}\right) \tag{4-37}$$

粗糙床面
$$\frac{1}{\sqrt{f_b'}} = 5.36\left[\frac{R_b}{d_{50}}\left(\frac{h}{\lambda}\right)^2 \log Re_b\right]^{0.09} \tag{4-38}$$

式中，d_1、d 分别为沙波波峰处的水深和断面平均水深；R_b 为床面水力半径；Re_b 为与床面对应的雷诺数，$Re_b = UR_b/\nu$。

由于试验用沙稍小于 Shen 提出的粗糙床面公式粒径 0.6～3.5mm 的适用范围，沙波表面可看成光滑床面，采用式（4-37）确定沙波河床中的沙粒阻力。

2）沙波阻力系数

随着水流条件的不同，冲积河道河床表面会形成不同的沙波形态。在沙纹以及沙垄阶段，由于水流在沙波波峰的分离，迎流面上的压力大于背流面上的压力，从而产生了沙波阻力。在沙浪阶段，邻底流线虽然基本与床面平行，但是没有出现分离的现象，若与沙浪相应的水面波发生破碎时，由于产生了大量局部紊动，也会增加阻力损失[14]。目前,针对沙波阻力的研究主要基于沙波几何形态与基于水流泥沙条件两种途径,前者直接将沙波阻力与沙波几何尺度建立关系;而后者从水流泥沙出发,建立沙波阻力表达式。

Chang[24]将沙波阻力损失看成是明渠水流局部突然扩大损失的一种,通过试验得到,$h/d>0.1$时,沙波所造成的突然扩大损失系数$f_e=1.9\left(\frac{h}{d}\right)^{1.8}$,从而沙波阻力系数$f''_b$可表达成以下形式,即:

$$f''_b=7.69\left(\frac{h}{\lambda}\right)\left(\frac{h}{d}\right)^{0.8} \tag{4-39}$$

因试验$h/d>0.1$,与 Chang[24] 公式适用范围相同,故采用(4-39)计算沙波阻力。

通过式(4-37)和式(4-39)分别计算出沙粒阻力和沙波阻力,然后利用式(4-36)算得床面总阻力系数。根据各阻力系数之间的关系,即可获得床面综合曼宁系数 n 的值。

4.3.3 沙波垂向流速分布

由前面分析可知,现有的均匀流流速分布公式不能准确描述沙波上非均匀流的流速垂线分布规律。根据乐培九的研究,负坡水流会因加速产生次生流。当水流经过前一个沙波背流面时,在下一个沙波迎流面上因沙波地形的影响,同样会产生次生流。但不同的是,乐培九的研究是基于次生流充分发展的情况下得到的,而沙波上的水流因波峰、谷影响,水流变化剧烈,又因沙波尺度较小,次生流总处于一个不断发展变化的过程,因此流速分布公式是基于水平相对位置 x/λ 的函数。根据以上分析,假定次生流在迎流面上不断发展变化,在波峰处次生流达到充分发展的状态。暂不考虑背流面涡流结构的影响,根据上述假定令沙波迎流面加速次生流增长函数为$f\left(\frac{x}{\lambda},\frac{d}{h}\right)$,所以沙波迎流面的流速分布公式可以写成下式,即:

$$u=u_1+f\left(\frac{x}{\lambda},\frac{d}{h}\right)u_2^{A} \tag{4-40}$$

式中,u 为总流速;u_1 为主动流;u_2^{A} 为迎流面加速次生流;x 为距前一个波谷的长度;取增长函数 $f\left(\frac{x}{\lambda},\frac{d}{h}\right)=\frac{x}{\lambda}\cdot\psi\left(\frac{d}{h}\right)$,即次生流在迎流面为线性增长,$\psi\left(\frac{d}{h}\right)$为与相对水深$\frac{d}{h}$有关的函数。

4.4 沙波垂向流速分布公式的验证

4.4.1 本书试验实测数据验证

试验相对水深 $d/h = 0.72 \sim 1.21$，取 $\psi\left(\frac{d}{h}\right) = 1$，采用式(4-40)，计算结果表明，断面流速计算值与实测值基本吻合(图4.4)。水平方向上，波峰处的计算值与实测值吻合度最高，其他位置处均有所偏差。波峰处，因尾流和内部边界层已充分混合，流态相对较好；而其他测点，尾流和内部边界层强烈的相互作用，使得实测值在计算值左右摆动，但总体而言良好。垂直方向上，上部尾流区由于存在各种紊流及涡流结构，水流流态较底部内部边界层更为紊乱，从图4.4中可以看出，近底流速计算值与实测值的吻合度明显高于上部。

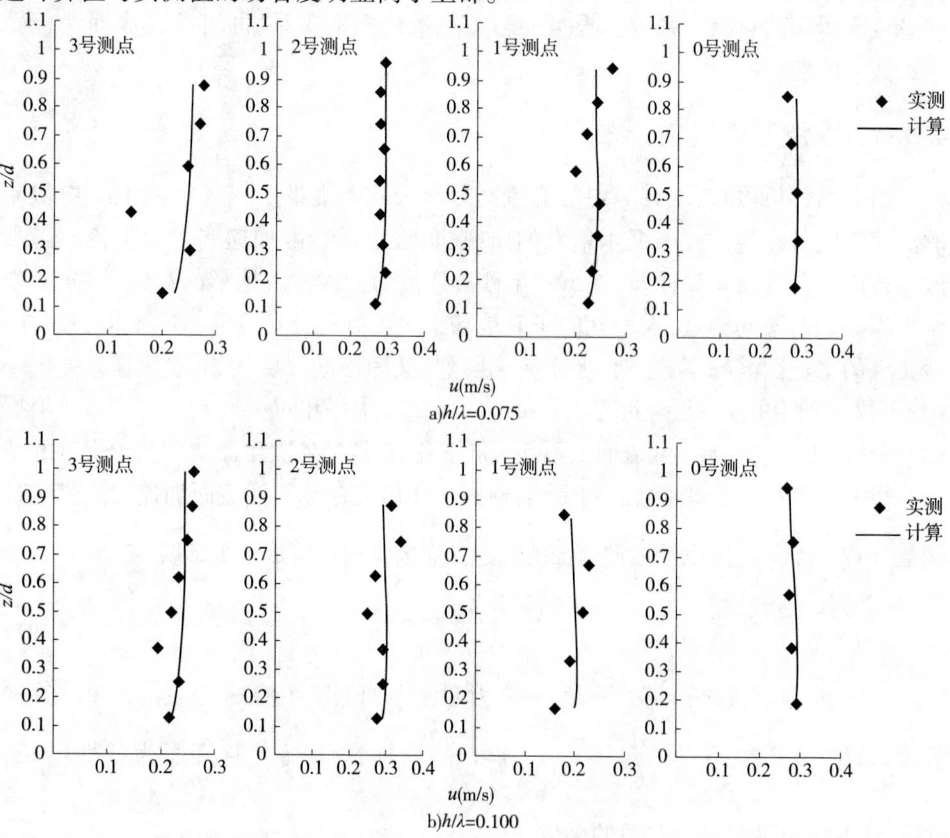

图4.4 计算值与本文试验实测流速的对比

4.4.2 Mierlo 和 Ruiter 实测数据验证

Mierlo 和 Ruiter[25] 为了深化对沙波水流的认识以及为数学模型研究验证提供准确的试验数据，在 1983—1984 年期间，利用 33 座波长为 1.6m、波高为 0.08m 沙波进行水槽试验，沙波表面泥沙中值粒径 $D_{50}=1.6\text{mm}$。试验共分为 6 个组次，其中 T1 ~ T4 组次主要为了验证仪器的精确度、确定床面粗糙系数 k_s 以及研究边壁的影响，T5 ~ T6 组次主要针对沙波水流流态以及压力分布进行测量，试验具体参数见表 4.1。

Mierlo 和 Ruiter 实测数据 表 4.1

项目		试验组成					
		T1	T2	T3	T4	T5	T6
试验地形	平坡	*	*	*	—	—	—
	沙波	—	—	—	*	*	*
测量手段	LDA	*	*	*	*	*	*
	压力	—	—	—	—	*	*
主要参数	流量 Q(m^3/s)	0.040	0.040	0.055	0.257	0.149	0.257
	水槽宽度 B(m)	1.500	1.500	1.500	1.500	1.500	1.500
	平均水深 d(m)	0.080	0.077	0.102	0.334	0.252	0.334
	水力半径 R(m)	0.078	0.076	0.094	0.298	0.234	0.298
	能坡 i_e(10^{-3})	0.820	0.840	0.530	0.950	0.960	0.950
	弗汝德数 Fr	0.370	0.400	0.370	0.290	0.260	0.290

注："*"代表是；"—"代表否。

图 4.5 是平坡上指数流速计算值与实测值的对比。值得注意的是，本书采用了两种方法计算平坡断面平均流速 U_C。

(1)平均流速等于断面流量除以断面面积，即：

$$U_C=\frac{Q}{A} \tag{4-41}$$

式中，Q 为流量；A 为过流断面面积。

(2)利用断面垂向的实测数据加权平均求得，即：

$$U_C=\frac{\sum_{i=1}^{n}u_i\Delta d_i}{\sum_{i=1}^{n}\Delta d_i} \tag{4-42}$$

式中，u_i 为每一点的流速值；Δd_i 为垂向长度。

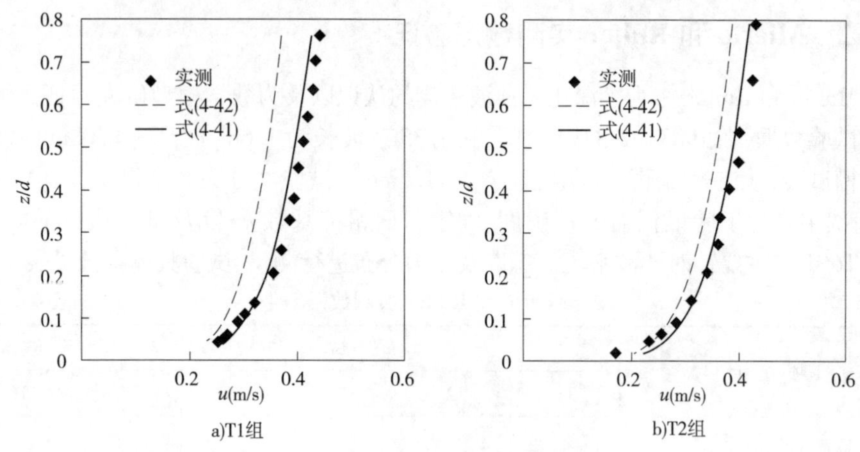

a)T1组

b)T2组

图4.5 计算值与平坡上的实测值

图4.5中实线代表式(4-42),虚线代表式(4-41),散点代表实测结果。从图中可以看出,式(4-41)指数分布与实测值差距较大,整体小于实测值,主要由于该式计算的断面平均流速偏小。而式(4-42)指数分布与实测值整体吻合较好,上部流速略小于实测值,近底流速略大于实测值。由于实测流速最高相对水深为0.8,故在利用式(4-42)计算断面平均流速时,计算值仍然小于实际垂向的平均值,但利用目前现有数据的计算值已与实测值吻合较好,所以下文将采用式(4-42)计算沙波断面的平均流速值。

T5和T6组次为沙波水槽试验,两者相对水深 d/h 分别为3.15和4.18,令 $\psi\left(\frac{h}{d}\right)$ 分别为0.7和0.5,代入式(4-40)计算,由图4.6、图4.7可知,计算值和实测值吻合良好。在水平方向上,按式(4-40)的吻合程度可以分为三种情况:

①整体吻合良好,测点1.27、1.42和1.58属于此类型,此时水平相对距离 $x/a>0.75$。在垂向相对位置 $z/d=0.5$ 以下,式(4-40)与实测值吻合程度较高,指数公式小于实测值;而在垂向相对位置 $z/d=0.5$ 以上,式(4-40)的计算值小于实测值,指数公式与实测值吻合较好。

②近底吻合良好,测点0.97和1.12属于此类型,此时水平相对距离 $x/a>0.50$。由图4.6、图4.7可知,在垂向相对位置 $z/d=0.1$ 以下,式(4-40)基本能与实测值相吻合,指数公式略小于实测值;在垂向相对位置 $z/d=0.1$ 以上,式(4-40)的计算值先大于实测值,再小于实测值,指数公式却能够与实测值相吻合。

③吻合程度较差,测点0.60、0.70和0.82属于此类型,此时水平相对距离 $x/a<0.50$。该类型无论与式(4-40)还是指数公式都不吻合。受回流区影响,近底

流速较小,但流量水位沿程变化不大,故上部流速增大。

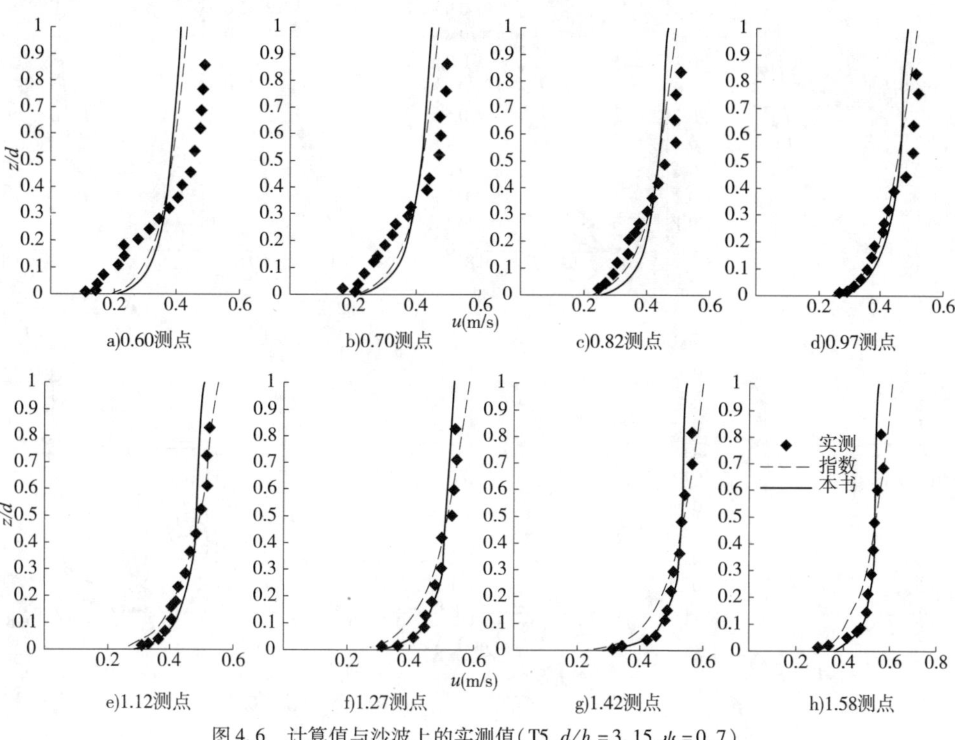

图 4. 6 计算值与沙波上的实测值(T5, $d/h = 3.15$, $\psi = 0.7$)

从图 4. 6、图 4. 7 可以看出,沙波迎流面上水流垂向分布主要受到回流区和次生流的影响。波谷处,因回流区影响,垂向整体分布似乎存在一个顺时针的次生流,致使上部流速大于指数分布,近底流速小于指数分布;波峰处,因加速产生的逆时针次生流,上部流速小于指数分布,近底流速大于指数分布。水流从波谷流向波峰,上述两种作用此消彼长,水流垂向分布是两者的综合结果。

4. 4. 3 $\psi\left(\frac{d}{h}\right)$的确定

在天然河流中,下游河段中沙波尺度相对较小,仅影响近底流速分布,对上部水流结构作用有限;而上游河段中卵石沙波尺度相对较大,对水流的改变作用较强,同时因水位时涨时落,水深不断变化,沙波作用效果也不尽相同。根据 Balachandar[26] 的研究,在相同沙波尺度、不同水深条件下,流速垂向分布规律、紊动动能以及水流结构等都不同,所以研究$\psi\left(\frac{d}{h}\right)$的变化规律对进一步理解沙波水流有

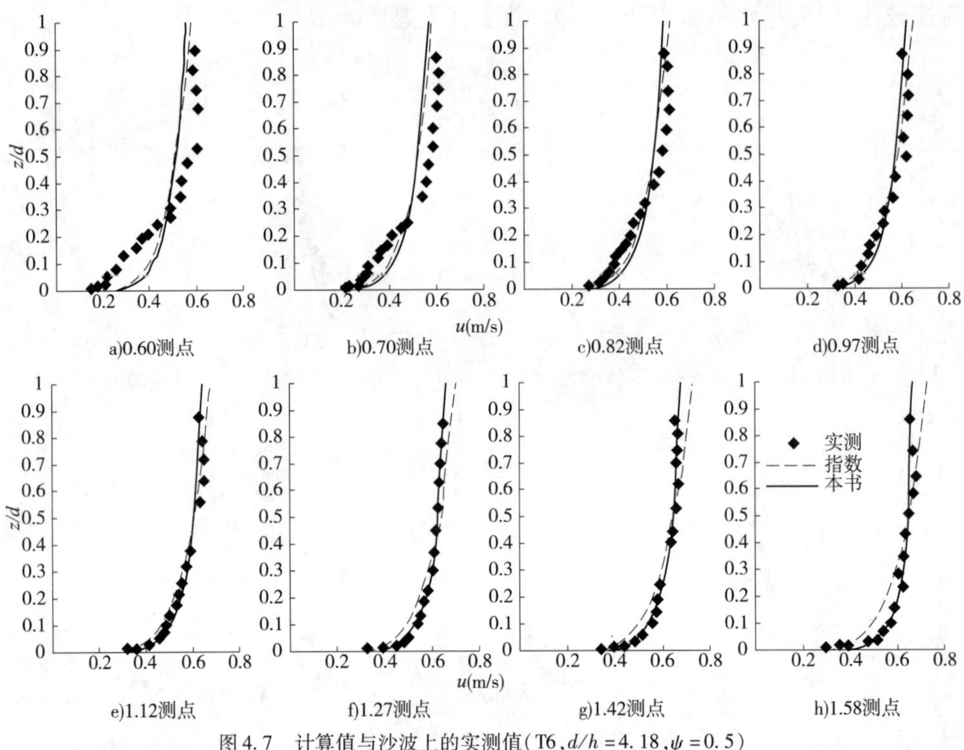

图 4.7　计算值与沙波上的实测值(T6, $d/h = 4.18$, $\psi = 0.5$)

着十分重要的意义。由前面的分析可知,在不同的相对水深 d/h 下,$\psi\left(\frac{d}{h}\right)$ 非定值,而是随相对水深 d/h 的增加而减小。根据试验数据及前人研究成果,拟合出如图 4.8 所示的相对水深 d/h 与 $\psi\left(\frac{d}{h}\right)$ 的相关关系如下:

$$\psi\left(\frac{d}{h}\right) = -0.1541\frac{d}{h} + 1.1523 \tag{4-43}$$

式(4-40)是在乐培九次生流公式的基础上获得的,但由于沙波与底坡上水流流态不同,故需进行修正。$\psi\left(\frac{d}{h}\right)$ 的修正主要包括两个方面:

(1)式(4-40)和式(4-32)中曼宁系数 n 在底坡和沙波上有着本质的不同。对于平整床面的斜坡阻力,一般只考虑沙粒阻力,而沙波既要考虑沙粒阻力,还要考虑沙波阻力。根据 Chang[24] 沙波阻力计算公式(4-39)可知,随着相对水深的增加,沙波阻力将减小,即曼宁系数 n 会减小。而式(4-40)表明,沙波上次生流的流速会因阻力减小而增大,这与实际情况不符。

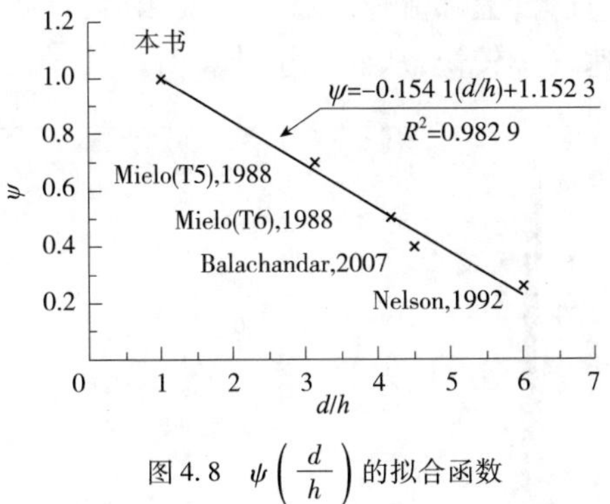

图 4.8 $\psi\left(\dfrac{d}{h}\right)$ 的拟合函数

(2)Balachandar[26]研究指出，沙波的作用范围有限，随着水深的增加，上部流速分布规律差别较小，即与相对水深的关系不大。上述表明，即使在阻力不变的情况下，随着相对水深的增加，次生流的作用效果势必会减弱。当相对水深达到一定数值时，沙波的影响可以忽略，水流整体可以看作均匀流。

则综合修正函数为：

$$f\left(\frac{x}{\lambda},\frac{d}{h}\right)=\frac{x}{\lambda}\left(-0.154\ 1\frac{d}{h}+1.152\ 3\right) \tag{4-44}$$

将式(4-44)代入式(4-40)得：

$$u=u_1+\frac{x}{\lambda}\left(-0.154\ 1\frac{d}{h}+1.152\ 3\right)u_2^{A} \tag{4-45}$$

式(4-44)较好地揭示了相对水深 d/h 和水平相对距离 x/λ 与 $f\left(\dfrac{x}{\lambda},\dfrac{d}{h}\right)$ 的相关关系，反映了 $f\left(\dfrac{x}{\lambda},\dfrac{d}{h}\right)$ 随着相对水深的增加而减小，沙波对水流的影响也随之减小，而随着相对水平距离的增加，水深势必会减小，次生流发展也就更加充分，因此沙波对水流的改变作用也就越明显。式(4-45)为沙波迎流面水流垂线分布函数，可以看作是均匀流指数分布和一个随着相对水深 d/h 以及水平相对距离 x/λ 变化的次生流的叠加。

4.4.4 Bennett 和 Best 以及 Best 试验实测数据验证

图 4.9 所示为 Bennett 和 Best[27]($d/h=3$)以及 Best[28]($d/h=2.825$)实测流速数据以及式(4-45)计算结果，横轴为流速与断面最大流速的比值，纵轴为垂向相对位置。从图中可以看出，整体吻合较好，其中波峰处吻合度高于再附点。波峰上部流速计算值与实测值吻合较好，而近底流速计算值略小于实测值；再附点处垂向

流速分布与实测值偏差较大,上部流速略微大于实测值,近底流速可能由于受到背流面回流区的影响,流速减小较快,从而小于计算值。

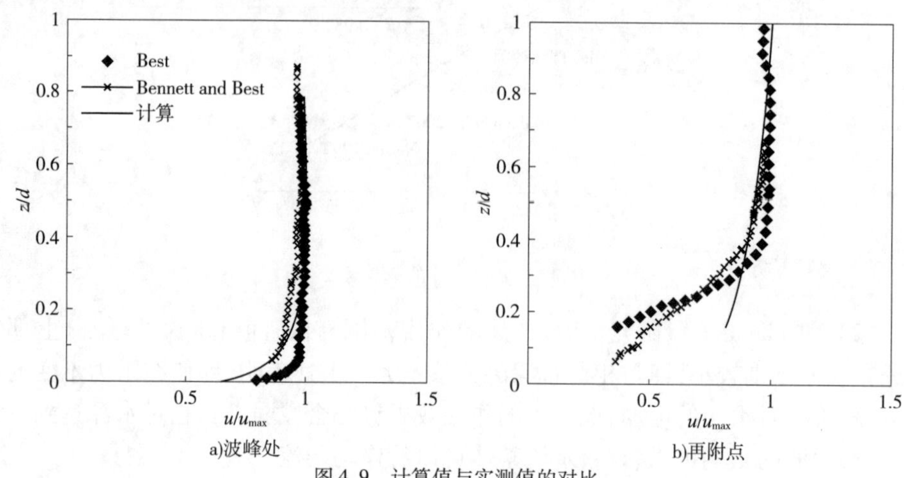

a)波峰处　　b)再附点

图 4.9　计算值与实测值的对比

以上验证分析说明了式(4-45)的正确性,该式不仅在水深相对较小的情况下适用,从图 4.8 可知,在相对水深达到 6 时,计算结果仍然能与实测值吻合良好。值得注意的是,在相对水深较大时,可能出现上部流速计算值小于实测值的现象,但近底流速仍然能够较好地反映实际情况,这为第 5 章建立沙波泥沙起动公式提供了基础。

4.4.5　其他沙波流速分布公式对比分析

唐小南、窦国仁[22]利用长 6m,断面为 15cm × 10cm 的有机玻璃水槽进行沙波试验。试验共研究了三种类型的概化沙波形态,如表 4.2 所示。

唐小南水槽试验沙波形状及其参数　　表 4.2

编号	h(m)	λ(m)			β(°)	$\frac{h}{\lambda}$	沙波剖面形态
		a	b	合计			
1	0.007	0.105	0.010	0.115	35.0	0.060	h, β, a, b, λ
2	0.013	0.114	0.016	0.130	39.1	0.100	
3	0.010	0.066	0.014	0.080	35.5	0.0125	

唐小南[22]认为非球体糙率的绕流情况与球体糙率的绕流情况相似,水流绕过糙率后,也是从底部发生分离的。窦国仁在紊流随机理论基础上,结合圆球绕流规律,得到了适合描述紊流三区(光滑区、过渡区和粗糙区)的流速分布公式。该式

较好地反映在均匀密排加糙下,明渠紊流的速度分布规律,并得到试验资料的验证。唐小南在窦国仁公式的基础上,通过试验资料,采用最小二乘法来拟合曲线,从而得到沙波河床平均意义上的流速分布表达式,如下:

$$\frac{u}{u_*}=2.5\ln\left(1+R_*\frac{z}{\Delta s}\right)+7.5\left(\frac{R_*\frac{z}{\Delta s}}{1+R_*\frac{z}{\Delta s}}\right)^2+2.5\left(\frac{R_*\frac{z}{\Delta s}}{1+R_*\frac{z}{\Delta s}}\right)-B_* \quad (4\text{-}46)$$

其中

$$B_*=2.5\left(\frac{1+\alpha R_*}{1+\alpha\beta R_*}\right)+7.05\left[\left(\frac{\alpha R_*}{1+\alpha R_*}\right)^2-\left(\frac{\alpha\beta R_*}{1+\alpha\beta R_*}\right)^2\right]+$$

$$2.5\left(\frac{\alpha R_*}{1+\alpha R_*}-\frac{\alpha\beta R_*}{1+\alpha\beta R_*}\right)$$

$$\alpha=\frac{1}{2}\left[1-\cos\left(\frac{\pi}{4.382}\ln 4R_*\right)\right]$$

$$\beta=1-0.4465\left(\alpha+\frac{\theta}{\pi}\right)$$

$$\frac{\theta}{\pi}=\frac{1}{4.382}\ln(4R_*)$$

$$R_*=\frac{u_*\Delta s}{5\nu}$$

$$y=y'-y_0$$

$$\frac{\Delta s}{d}=0.6435\frac{h}{d}-0.0567$$

式中,当 $R_*\geqslant 20$ 时,R_* 取 20;Δs 为沙波的当量糙度;y' 为从沙波谷底的垂向位置坐标;y_0 为理论床面高度;u_* 为水流摩阻流速;u 为点平均流速。

为了说明公式计算结果与试验资料的吻合程度,定义吻合度评价指标 F 计算公式,如下:

$$F=\frac{\sum_{i=1}^{j}(u_{计算}-u_{实测})^2}{jU^2} \quad (4\text{-}47)$$

式中,F 为评价指标,值越小,吻合度越高;U 是断面平均流速;j 为实测点数;$u_{计算}$ 为公式计算值;$u_{实测}$ 为试验数据。

选用 Mierlo 和 Ruiter 的试验数据(T5)为参考,将式(4-45)、指数公式和唐小南沙波流速公式计算结果进行吻合度对比分析,结果如表 4.3 所示。

流速分布公式吻合度评价指标 F 计算比较　　表 4.3

位置	1.58	1.42	1.27	1.12	0.97	0.82	0.70	0.60
指数	0.005 1	0.010 5	0.005 4	0.003 2	0.001 7	0.049 5	0.010 9	0.033 7
式(4-45)	0.003 3	0.007 9	0.000 7	0.001 3	0.003 2	0.147 1	0.018 3	0.051 4
唐小南、窦国仁	0.025 8	0.021 1	0.012 8	0.002 9	0.001 2	0.003 5	0.006 8	0.007 9

通过表 4.3 计算的吻合度评价指标 F,可以得到以下结论:

(1)靠近波峰处,基于次生流建立的沙波迎流面流速垂线公式与试验值吻合较好,而唐小南公式已偏离试验数据。

(2)基于圆柱绕流得出的唐小南公式在波谷处吻合度高于式(4-45),次生流作用基本可以忽略,此时式(4-45)的计算误差较大。

(3)从波谷到波峰,沙波迎流面上存在一个位置处的流速分布规律接近均匀流,此处指数分布公式、唐小南公式及式(4-45)的计算精度基本相等。

从以上分析可以看出,沙波迎流面水流垂线分布规律主要受回流区和次生流影响:波谷处,因回流区影响,上部流速值大于指数分布,而近底小于指数分布;波峰处,因加速产生的逆时针次生流,导致上部流速减小,近底流速增大。当水流从波谷流向波峰时,上述两种作用此消彼长,水流垂线分布是两者综合后的结果。

4.5 小结

本章根据前人的研究成果介绍了沙波上复杂的水流特性,鉴于沙波断面水流流态的复杂性,建立一个适合整个沙波断面的流速公式具有一定的困难,本章仅建立了适合沙波迎流面的流速垂向分布公式,并利用试验数据进行验证,主要结论如下:

(1)通过试验分析以及前人试验数据可知,因相对水深不同,沙波断面水流流速垂向分布基本可以分为 3 种形态:

①当水深较大时,接近水面处的水流受沙波地形影响较小,流速垂向分布较为均匀,沿程分布较为一致,基本符合均匀流流速分布。而底部水流受到沙波地形影响,流速垂向分布很不均匀,且沿程差别较大。但整体而言,垂向断面水流流态相对较好。

②当有限水深时,水面处的水流和底部水流相互作用,垂向整体分布很不规则。

③当水深较小时,因沙波地形影响显著,纵向各断面水流垂向分布各不相同。波谷因受回流区影响,垂向分布最不规则,上部流速为正,底部流速为零,甚至为

负,流速垂向递增较快。迎流面上,水流流速垂向分布规律与非均匀流相似,但因受到涡流结构以及回流影响,沿程分布稍有差别。

(2)在乐培九次生流流速计算公式的基础上,根据沙波水流特征,建立了适合描述沙波迎流面上流速垂向分布公式,并与实测资料吻合良好。该式不仅能描述水深较小时的流速分布规律,对于相对水深达到6时的试验结果也同样能够吻合良好。

(3)由于试验及分析均只涉及沙波再附点后迎流面上的流速垂向分布,没有考虑整个沙波周期。同时,流速垂向分布公式没有考虑到沙波背流面产生的回流以及涡流结构等影响,其有待于进一步研究。

本章参考文献

[1] 陈兴伟,林炳青,林木生. 样本容量对明渠垂线流速分布对数公式拟合的影响[J]. 水利水电科技进展,2013,33(5):35-37.

[2] Parndtl. 流体力学概论. 郭永怀,等,译[M]. 北京:科学出版社,1984.

[3] Keulegan G H. Laws of turbulent flow in open channels[M]. US: National Bureau of Standards,1938.

[4] 黄才安,周济人,赵晓冬,等. 基于分形理论的流速及含沙量垂线分布规律研究[J]. 水利学报,2013,44(9):1044-1049.

[5] Cardoso A H,Graf W H,Gust G. Uniform flow in a smooth open channel[J]. Journal of Hydraulic Research,1989,27(5):603-616.

[6] 董曾南,丁元. 光滑壁面明渠均匀紊流水力特性[J]. 中国科学A辑,1989(11):1208-1218.

[7] Steffler P M,Rajaratnam N,Peterson A W. LDA measurements in open channel[J]. Journal of Hydraulic Engineering,1985,111(1):119-130.

[8] Nezu I,Rodi W. Open-channel flow measurements with a laser Doppler anemometer[J]. Journal of Hydraulic Engineering,1986,112(5):335-355.

[9] 何建京. 明渠非均匀流糙率系数及水力特性研究[D]. 南京:河海大学,2003.

[10] 许栋. 明渠沙纹演化及其湍流动力特性试验研究[D]. 天津:天津大学,2005.

[11] 王兴奎,邵学军,李丹勋. 河流动力学基础[M]. 北京:中国水利水电出版社,2002:107-110.

[12] 万俊,何建京,王泽. 光滑壁面明渠负坡流速分布特性[J]. 长江科学院院报,2010,27(4):32-35.

[13] 乐培九,方修泮. 非恒定流垂线流速分布规律的初探[J]. 水道港口,2002,23(2):54-59.

[14] 钟亮. 河道形态阻力分形特征研究[D]. 重庆:重庆交通大学,2011.

[15] Einstein H A,El-Samni E S A. Hydrodynamic forces on a rough wall[J]. Reviews of modern physics,1949,21(3):520.

[16] Bayazit M. Free surface flow in a channel of large relative roughness[J]. Journal of Hydraulic Research,1976,14(2):115-126.

[17] 钱宁,万兆惠. 泥沙运动力学[M]. 北京:科学出版社,1983.

[18] 董曾南,王晋军,陈长植,等. 粗糙床面明渠均匀紊流水力特性[J]. 中国科学:A辑,1992(5):542-547.

[19] Kamphuis J W. Determination of sand roughness for fixed beds[J]. Journal of Hydraulic Research,1974,12(2):193-203.

[20] Shen H W,Fehlman H M,Mendoza C. Bed form resistances in open channel flows[J]. Journal of Hydraulic Engineering,1990,116(6):799-815.

[21] James C S,Cottino C F G. An experimental study of flow over artificial bed forms[J]. WATER SA-PRETORIA-,1995(21):299-306.

[22] 唐小南,窦国仁. 沙波河床的明渠水流试验研究[J]. 水利水运科学研究,1993(1):25-31.

[23] Einstein H A,Banks R B. Fluid resistance of composite roughness [J]. Transactions,American Geophysical Union,1950(31):603-610.

[24] Chang F M. Ripple concentration and friction factor [J]. Journal of the Hydraulics Division,1970,96(2):417-430.

[25] Mierlo M,DE Ruiter J C C. Turbulence measurements above artificial dunes[R]. Delft: Delft Hydraulics Lab,The Netherlands,1988.

[26] Balachandar R,Hyun B S,PATEL V C. Effect of depth on flow over a fixed dune[J]. Canadian Journal of Civil Engineering,2007,34(12):1587-1599.

[27] Bennett S J,Best J L. Mean flow and turbulence structure over fixed,two-dimensional dunes: implications for sediment transport and dune stability [J]. Sedimentology,1995(42):491-513.

[28] Best J L. Kinematics,topology and significance of dune-related macroturbulence: some observations from the laboratory and field [J]. Fluvial sedimentology VII,2005(35):41-60.

第5章 ▶ 沙波泥沙起动规律研究

第4章对沙波水流的研究表明，沙波水流特性较均匀流差异较大。在沙波不同位置处，流态因受诸多因子的影响而形态各异。迎流面的流线贴近沙纹表面向前移动，流线较为顺直，边界层较薄，水流直接作用在泥沙颗粒上，随着水流的增强，该处泥沙首先起动。故本章将选择迎流面上的泥沙起动作为研究对象。

本章利用ADV实测泥沙起动流速数据，充分考虑沙波坡度对水流和泥沙受力的影响，推导出水流冲击力，根据泥沙起动的平衡方程，建立起不同坡度沙波上泥沙起动流速公式。

5.1 泥沙起动规律研究现状

5.1.1 平坡泥沙起动研究现状

1）泥沙起动模式研究现状

在泥沙研究中，颗粒力学上的失衡导致泥沙起动这一点认识是明确的，但是水流是怎么作用于沙粒，沙粒是怎样失去平衡状态的，其变化过程如何，最初进入运动的方式又是怎么样的，这些问题直接决定了对沙粒受力平衡的分析。目前把泥沙在床面上的运动状态分为了静止、滑动、滚动、跳跃四种状态，这四种状态是相互转变的，只是发生的概率和位置不同。研究者将沙粒由静止转变为其他三种不同状态的方式，将泥沙的起动模式分为了由静起滑（泥沙所受水流拖曳力与泥沙颗粒水下摩擦力等价）、由静起滚（促使泥沙起动的合力矩与阻碍泥沙起动的阻力矩等价）、由静起跳（颗粒受垂直水流作用力的升力与泥沙水下重力及黏结力等价）三种方式。

韩其为[1]提出不仅在粗糙的床面上，即使在光滑的床面上，单纯的滑动都是不存在的，在床面上受底部水流（推力和升力）和颗粒与边壁及颗粒与颗粒间的碰撞，泥沙往往是滚动输移的，具有一定速度后，开始离开床面做短暂的跳跃运动。所以在这个体系中，泥沙起动都是由静起滚的方式。常用的泥沙起动公式也都是以滚动模式进行平衡力矩的分析为基础的。

Pocchhckh[2]认为最表层的泥沙颗粒会以滚动和跳跃两种形式在床面运动，而且起跳概率是滚动形式的泥沙转移为跳跃的概率，并不是作为一种状态概率，并由此推导出输沙率公式：

$$q_s = \gamma_s \beta d(\varepsilon_g u_g + \varepsilon_t u_t) \tag{5-1}$$

式中，q_s 为单宽输沙率(kg/m^3)；γ_s 为泥沙重度(N/m^3)；β 为表示颗粒形状及表层泥沙密实度的常数；d 为沙粒粒径(mm)；ε_g 和 ε_t 为滚动和跳跃的概率；u_g 和 u_t 为滚动和跳跃的速度(cm/s)。

Tsuchiy[3]在对按滚动形式运动的床面泥沙做力学和统计分析时，进一步将其细分为了滑动、滚动和包括滑动在内的滚动三种形式，并通过试验资料，提出颗粒从开始起动到跳跃都是以带有滑动的滚动方式完成的。Tsuchiy 还从水平和垂直两个方向考虑了颗粒阻力系数，将滑动摩擦系数一起归纳到泥沙的输移公式中。Paintal[4]则假定了泥沙为跳跃运动，并对跳跃的单步距离、单次距离等给出了随机分布公式，提出了平均输沙模型。

目前，对于泥沙起动临界状态的分析较少，大部分的研究主要集中在起动后泥沙的输移形式上，对于韩其为提出的"单纯的滑动是不存在的"与 Tsuchiy 提出的"包括滑动在内的滚动"，都没有进一步阐述其内在原因及产生的机制。

对于不同坡面上的泥沙起动研究，钱宁、童思陈、何文社等人采用滑动模式作为临界状态，而杨具瑞与汤立群等人则采用滚动模式建立临界平衡方程。不同的起动模式直接决定了对起动临界状态的受力分析方法，直接影响了对起动这一明确物理概念的正确把握。所以，对泥沙起动的模式的探讨是十分必要的。但也有研究表明，由滑动模式建立的公式结构与按滚动模式建立的公式结构基本相同，只是其中系数的物理意义略有差异。

2）河道泥沙起动研究现状

自 1753 年 Brahms 提出了泥沙起动流速与泥沙重量 1/6 次方成正比这一重要的结论以来，泥沙起动问题一直得到众多学者的高度重视[5]。学者们相继进行了理论分析和试验研究，并根据他们所考虑的影响因素、试验条件及资料，提出了众多不同形式的起动流速计算公式。泥沙起动条件的判别方法一般有三种，即起动拖曳力、起动流速和起动功率，但三者是对同一现象的不同表达方式，彼此之间可相互转化[6]。目前对起动流速的研究成果最为丰富，提出的表达式就有 100 多个，其次是对拖曳力的研究，而在起动功率上的研究还很少。以起动拖曳力表示的起动临界条件以 Egiazaroff[7]、Andrews[8]、Gessler[9]、Ferro[10]及彭凯和陈远信[11]等研究为代表。以起动流速表示的起动条件的研究主要有沙漠夫[12]、秦荣昱[13]、陈媛儿和谢鉴衡[14]、张启卫[15]等的工作。以起动功率表示的起动条件的研究以 Bagnold[16]为代表。由于研究问题本身的复杂性,所得到的结果并不令人十分满意。

天然河道中的泥沙组成较为复杂,为了研究问题的简便性,对泥沙起动规律的研究,一开始多从较为容易的均匀沙开始。在 1936 年,Shields[17]通过无量纲拖曳力和沙粒雷诺数,建立了著名的反映均匀沙起动的 Shields 曲线,沙莫夫得到了起动流速和水深的 1/6 次方成比的关系。对于均匀沙,从理论上来讲,与起动临界条件相对应时的输沙率应该为零,然而 Hellend-Hansen[18]的试验表明,即使在水力指标远超 Shields 所规定的泥沙起动指标的前提下,仍有泥沙在运动,只不过运动强度比较小而已。我国许多著名学者[19-23]先后对均匀沙起动进行研究,得到了相应的起动公式。虽然分析和处理问题的角度不同,所得到的公式也不尽相同,但是泥沙受力及运动机理已经比较清楚,他们的研究成果对工程建设起到了一定的指导作用。至今,各种泥沙起动条件下的起动公式众多,总体来说,各公式在形式上差别并不是很大,尽管公式的系数多是采用实测资料经回归分析而得,但系数结构及其取值差别仍较大。

对于非均匀沙的研究,Gessler[9]以考虑床沙粗化过程来研究非均匀沙的起动问题。Egiazaroff[7]考虑每一粒径级沙的受力,得到各粒径泥沙的临界起动拖曳力的公式。Ferro[10]提出了一种基于非均匀沙起动的临界拖曳力随机模型。该方法充分考虑了床面泥沙分布的随机特性对临界拖曳力的影响,使得临界拖曳力方法不断完善。秦荣昱[13]从泥沙受力分析推导了非均匀沙综合起动流速公式。韩其为等[1]根据泥沙运动统计理论,导出了非均匀沙床面上不同粒径的推移质分组输沙率表达式,并建立了非均匀沙的分组起动流速公式和综合起动流速公式。以输沙率标准建立的起动流速公式,是某种床沙条件下某级泥沙的起动条件,在非恒定输沙过程中该起动条件对应何种床面条件不是很明确。孙志林[24]从对非均匀沙起动起决定作用的水流脉动和颗粒间的相互位置这两个随机变量出发,运用统计理论建立了反映非均匀沙起动特点的起动流速公式。刘兴年[25]通过对粗细化过程中宽级配非均匀沙起动特点进行分析,导出了宽级配非均匀沙分级起动流速计算公式。张光科等[26]基于非均匀沙暴露度变化规律研究,建立了床沙可动层厚度模型,并用力学分析与统计理论相结合的方式推导出了非均匀沙起动流速计算公式。此外,马菲[27]、杨奉广[28]等还分别建立了非均匀沙起动的分组起动流速,两者均运用概率论与力学相结合的方法,以遮掩度或暴露度考虑非均匀沙的隐暴效应,建立了非均匀泥沙的起动公式,所不同的是马菲的研究中还考虑了近底流速结构的影响。

5.1.2 坡度影响下的泥沙起动研究现状

在对山区河流卵石起动问题以及水库建成后冲沙漏斗体的形成及其稳定性研究时,坡度对结果的影响较大。坡度的影响一般有两种情况:底坡影响和边坡影响。天然河流中坡度一般较小,以往大多学者在研究泥沙起动时没有考虑坡度的影响,在这方面的成果比较少。而对于更加复杂的沙波上泥沙起动问题,由于水流条件的复杂性等原因,涉及的更少。

近些年,许多学者对不同坡度上泥沙起动问题进行了研究。在边坡方面:钱宁[29]将重力在坡面方向进行分解,采用滑动模式对斜坡均匀沙的起动条件进行了研究。童思陈等[30]系统研究了不同弯道半径、水深、流量及岸坡坡度情况下,泥沙的起动流速,通过对河湾岸坡上泥沙颗粒的受力分析,建立了以滑动为主要起动形式的泥沙起动模式,从理论上推导出了对应的起动流速公式。该公式中引入了岸坡系数和环流系数,基本能够反映河湾坡岸泥沙起动条件。钟亮等[31]针对河湾水流特性,考虑了相对暴露度引起的附加质量力的影响,引入了等效粒径的概念,并以此建立了岸坡泥沙起动公式。韩其为等[32]针对目前研究的有关不足,分析了在弯道凹岸边壁上考虑了泥沙在 6 种作用力下泥沙的受力情况,并以滚动起动模式推导出了最一般条件下,包括粗细泥沙在河床上不同位置的起动流速公式,由于该公式考虑因素较多,涉及面较广,导致该式相对复杂烦琐。何文社等[33]运用力学与概率论相结合的方法,考虑了床面颗粒的相互隐暴影响,引入等效粒径来研究泥沙的起动条件,采用滑动平衡推导了斜面上非均匀沙起动条件,并对渠道边坡和底坡等边界上泥沙的起动条件进行了分析探讨。吴岩[34]在考虑渗流作用、泥沙组成的非均匀性、泥沙之间的相互影响等使得泥沙起动具有随机性的影响因素基础上,推导了岸坡上泥沙起动流速公式。

而在底坡上,陈奇伯等[35]通过试验对非黏性均匀花岗岩沙的起动条件进行研究,在薄层水流紊流流态时,得到不同床面坡度和沙粒平均粒径与其起动流速的相关关系。刘丽等[36]通过复合坡泥沙起动试验发现:在起动流速与起动流量都随着前坡坡度的增加而下降,复合坡的起动流速较平坡小 40% 左右,对应的流量也随着坡度的增大而相应减少。在变坡点附近涡流的脉动作用较为强烈,使得该处泥沙更加易于起动。何文社等[37]讨论了完全暴露在床面的均匀沙在不同底坡、不同起动状态下的起动条件,采用滑动平衡模式推导出不同底坡的均匀沙的起动公式,将起动切应力转化为起动流速的计算值与实测值基本吻合。聂锐华等[38]针对山区河流的特点,导出了不同底坡无黏性非均匀颗粒在完全暴露与部分隐暴两种状态下的起动流速,得到了相同水流条件、相同河床比降下,同一颗粒在完全隐蔽状态下起动流速是完全暴露状态下起动流速的 2.7 ~ 2.8 倍。该公式对于相对较大粒径组计算值与实测值吻合较好,但对于相对较小粒径组计算误差则较大。孟震等[39]以三维泥沙颗粒相对隐蔽度为基础,推导了以颗粒隐蔽度和床面坡度为参数的散体沙起动流速公式,证明了宽级配散体非均匀沙的起动特性,建立了底坡上散体均匀沙起动条件不同起动标准下对应的数值关系,探讨"完全隐蔽""极限跳跃""临界暴露"等状态在平坡和斜坡上的不同点。拾兵[40]采用矢量力学分析方法建立了更具一般性的非均匀沙起动流速矢量公式,讨论了任意床面上处于隐蔽和暴露区中的非均匀沙的起动规律。

底坡上泥沙起动研究不仅局限在河流中,韩浩等[41]将雨滴侵蚀力引入到降雨条件下坡面径流泥沙起动受力分析过程中,以滑动模式建立了降雨条件下坡面径流均匀沙起动公式。汤立群[42]考虑了坡面泥沙的黏性作用,将重力在坡面方向进行分解,采用滚动模式建立了坡面泥沙起动的切应力公式,推导中只考虑重力在坡面方向的分量,并未考虑重力在坡面垂向的分力,也没有考虑非均匀沙的非均匀性对泥沙起动的影响。

以上针对底坡上泥沙起动问题的研究均在底坡为正的条件下,没有考虑坡面为负的情况;且在研究过程中只考虑了坡度对泥沙重力在坡面分解的影响,没有考虑到坡度对水流结构的改变。Adel Emadzadeh[43]通过水槽试验,绘制出不同底坡(正坡和负坡)情况下水流剪应力的分布图,证明减速流中的剪应力大于加速流;发现卡门常数在加速流和减速中并不等于 0.4,并提出"压力效应"和"重力效应"的综合作用影响着坡面泥沙的起动。不同坡度沙波上泥沙起动情况,与负坡泥沙起动较为类似,但也不完全相同,水流在沙波波峰处会进行分离,在背流面形成分离漩涡。由于漩涡结构影响范围较广,毛野[44]曾研究发现其水平尺度达到半个波长,因此只有在下一个靠近波峰迎流面的水流结构才会与负坡上的情况相似。

5.2 沙波泥沙起动主要影响因素

泥沙起动是一个既确定又随机的过程,在一定水流条件和床沙特征下泥沙的起动是一个必然事件,而每一颗泥沙的起动都具有很强的随机性。影响泥沙起动的条件众多,一般可分为内在因素和外在因素。泥沙起动会改变水流结构,同时水流结构的改变又影响泥沙起动,两者相互作用、相互影响。总而言之,泥沙的起动是各种作用的综合结果。

5.2.1 内在影响因素

通常所谓的泥沙,并不是指单粒的泥沙颗粒,而是指无数不同大小、不同形状以及不同矿物成分的泥沙颗粒混合体[45]。内在因素包括颗粒性质及群体性质，前者是指泥沙本身的特征，包括泥沙颗粒的形状、大小等，后者指组成情况，包括级配、均匀度、孔隙率和休止角等。泥沙内在因素与河流流域地质情况及泥沙来源等因素有关。

1）泥沙颗粒大小

由于天然环境中泥沙颗粒大多是不规则形状，很难准确描述粒径大小，通常的做法是用同体积的球体直径来表示。下面是通常情况采用的粒径：

（1）平均粒径。对于粗颗粒泥沙，一般采用颗粒的长、中、短三个轴（a、b、c）的算术平均值或者几何平均值来代表泥沙颗粒直径，其表达式为：

$$d = \frac{1}{3}(a + b + c) \tag{5-2}$$

（2）筛孔粒径。对于细颗粒泥沙（$0.007\text{mm} \leqslant d \leqslant 6.35\text{mm}$），一般采用筛析法，其球体直径长度等于已给颗粒刚能通过筛孔的边长称为筛孔粒径。

（3）沉降粒径。对于极细颗粒的泥沙（$0.001\text{mm} \leqslant d \leqslant 0.1\text{mm}$），一般实测静水中泥沙颗粒的沉速，代入沉速公式反推求得相当的球体粒径，该方法叫做水析法，得到的粒径称为沉速粒径。

泥沙颗粒的大小是对泥沙进行分类所依据的物理特性，表 5.1 给出了泥沙按颗粒大小的一种分类标准。在河流上游，泥沙颗粒较粗，以推移质运动为主；而在下游地区，泥沙颗粒相对较细，此时泥沙以悬移质和推移质形式共同运动。当泥沙颗粒粒径小于 0.03mm 时，就属于淤泥质的研究范围，在河口地区会发生絮凝现象，此时泥沙的运动特性跟粗颗粒泥沙完全不相同。细颗粒泥沙之间存在着显著的黏结力，影响泥沙起动条件，使得细颗粒泥沙需要较大的流速才能起动。窦国仁[22]认为黏结力是由于细颗粒之间除了薄膜水之外没有自由水的存在，薄膜水分子具有一定的方向和序列，不能传递与直线方向垂直的压强导致的。而唐存本[19]认为，当颗粒接触时，颗粒间的结合水膜连接起来，由于水膜分子的吸力作用导致了黏结力的存在。

泥沙颗粒的分类标准 表 5.1

种类	黏土	粉沙	沙				砾石	
			极细	细	中	粗	细	中
粒径（mm）	<0.005	0.005 ~ 0.05	0.05 ~ 0.1	0.1 ~ 0.25	0.25 ~ 0.5	0.5 ~ 2.0	2.0 ~ 4.0	4.0 ~ 10.0
种类	砾石	卵石				石		
	粗	小	中	大	极大	小	中	大
粒径（mm）	10 ~ 20	20 ~ 40	40 ~ 60	60 ~ 100	100 ~ 200	200 ~ 400	400 ~ 800	>800

2）泥沙颗粒形状

众所周知，天然河流中的泥沙颗粒形状并非一般所认为的球形，尤其是中上游河流中的卵石更是如此。一般用扁平度 $\sqrt{ab}/c$（a、b 和 c 分别为卵石长、中和短轴的长度）刻画卵石的形状。通过表达式可以看出扁平度越大，泥沙颗粒越扁平。由式（5-5）可知，作用在泥沙颗粒表面上力的大小与受力面积大小有关，所以泥沙起动的难易程度跟泥沙颗粒的形状有必然的联系。试验表明，扁平度大的卵石较偏平度小的卵石更难起动[46]。韩其为[1]研究表明：起动输沙率与扁平度的 0.45 次方成正比。以上都说明了扁平度对泥沙起动的影响。在本试验中，采用粒径为 0.5mm 和 0.7mm 两种泥沙，由于本试验泥沙粒径较小，同时为了简化起动规律的研究，暂且认为泥沙颗粒为粒径等于 D 的球体。

3）泥沙组成

按照泥沙的颗粒均匀程度，可以分为均匀沙和非均匀沙。研究初期，为简化问题，许多学者选择均匀沙作为研究对象，并取得许多成果。然而，天然河流中泥沙大多属于非均匀沙，使得问题更加复杂。非均匀沙的起动现象与均匀沙有着明显差别：粗颗粒泥沙由于暴露作用，起动流速小于均匀沙；而细颗粒泥沙由于受到粗颗粒泥沙的隐蔽作用，起动流速大于均匀沙。因此泥沙组成影响到单个颗粒的受力大小。对于非均匀沙的研究目前取得了许多成果，主要从附加质量和暴隐作用两个方面来考虑。本章研究重点为不同坡度沙波上泥沙的起动，为简化问题，本书选取均匀沙进行试验。

4）孔隙率

泥沙中孔隙容积占总容积的百分比称为孔隙率。泥沙孔隙率因沙粒的大小及均匀度、沙粒形状、堆积情况、堆积后受力大小及历时长短而不同。一般而言，细颗粒泥沙往往比粗颗粒泥沙含有更多的孔隙，这是由于细颗粒的表面积相对较大，使颗粒间的摩擦、吸附以及搭成格架作用增大的缘故。

5）水下休止角

休止角 φ 是泥沙在静水中堆积成丘时，在滑动临界平衡情况下，斜坡与水平面所形成的坡脚，其正切值等于泥沙的水下摩擦系数 f，即：

$$f = \tan\varphi \tag{5-3}$$

水下休止角在研究泥沙滑动起动模式以及河岸路基稳定边坡的设计等其他水力学问题中是一个重要的因素。

5.2.2 外在影响因素

外在因素是指水流条件、泥沙位置以及地形等影响因素。外在影响因素与泥沙颗粒本身的性质关系很小，主要取决于泥沙所处的具体环境。

1）地形的影响

因本章主要研究沙波上泥沙的起动流速，故主要说明沙波地形对泥沙起动的影响。通过第2章分析可知，沙波上水流流态较为复杂，一般可以分为5个主要区域。区域之间水流特征差别较大，对泥沙起动的影响各不相同。在迎流面再附点附近，水流从波峰处俯冲下来，在迎流面上形成了较为剧烈的清扫，然后水流向周围散开，泥沙因受到清扫作用，向四周推移，甚至可能发生跃移运动。迎流面上，流线较为光滑，水流流速较大，泥沙起动较为容易，输沙率较大。波峰处，流速达到最大，且在波峰后会产生较为强烈的漩涡，泥沙经过波峰后会自然下落到漩涡区。背流面处，存在较为强烈的漩涡，近底流速较小，甚至指向上游，泥沙运动强度较小，有向上游运动的趋势，使得背流面的坡面角度大于休止角。

2）坡度的影响

沙波坡度主要通过波陡来表示。前人已经研究了大量坡面上泥沙起动的情况，这主要包括边坡和正坡两种情况，而对于负坡上泥沙的起动（如沙波迎流面）研究相对较少。大量学者一般在受力分析时考虑坡度的影响，由于正坡上泥沙在重力分解时会在顺流方向产生一个促进泥沙起动的分力，使得泥沙较容易起动。以往泥沙起动条件研究大多在均匀流情况中进行考虑，而现实中这种情况较少，只有在棱柱形河流或者试验水槽中才会存在。沙波上的水流属于非均匀流，为了简化问题，本研究主要考虑恒定非均匀流。坡度不仅影响重力的分解，同时也会使水流特性发生改变，使得问题更加复杂，但也更接近于实际情况。在负坡上，重力分力使得泥沙较难起动，但此时水流处于加速阶段，有利于泥沙的起动；而在正坡上，重力分力使得泥沙较易起动，但此时水流处于减速阶段，使得泥沙较难起动。沙波上泥沙起动是“重力效应”和“压力效应”两者的综合结果。

3）渗流的影响

天然河流中，由于床面表层由非均匀沙等物质组成，当水位变化时，由于背流面漩涡的存在，会产生压力差，因此可能存在渗流作用。渗流场的存在，会使沙波迎流面上的泥沙受到指向交界面的渗流，从而改变泥沙的起动条件，尤其当渗流比降较大的情况下，近底水流的运动规律也会随之改变。因本试验研究的沙波尺度和压力梯度相对较小，故暂不考虑渗流对泥沙起动的影响。

4）床面形态的影响

绝对光滑的床面是不存在的，床面都是呈一定的凹凸状，这些不规则的形状会影响泥沙的起动情况。聂锐华[38]指出在相同水流、相同河床比降的条件下，同一颗粒泥沙在完全隐蔽状态下的起动流速是完全暴露状态下的 2.7 ~2.8 倍。研究采用均匀散粒体泥沙在较为平整的沙波迎流面上进行试验,在泥沙起动过程中主要受到周围泥沙对它的影响作用,床面暴露度是量化各力臂大小的重要参数,对研究泥沙起动有着重要意义。

5)流速分布规律的影响

泥沙运动问题的研究均在均匀流流速呈 A 型分布条件下进行的,所以考虑流速分布规律对泥沙起动的影响很少。由第 4 章可知,B 型分布使得底层流速减小,表层流速增大,一般在减速流或正坡时就会出现该种类型,此时在相同的平均流速条件下,泥沙就较难起动,使得水体的挟沙能力也相应减小,来沙量大时将发生淤积。B 型分布使得底层流速增大,表层流速减小,在相同的平均流速条件下,泥沙就易于起动,使得水体的挟沙能力和底层输沙强度增大。因此确定泥沙研究区域的流速垂线分布规律,对研究泥沙运动规律是很有帮助的。

5.3 泥沙颗粒的受力分析

泥沙起动是指床面上泥沙开始运动的水流条件,泥沙之所以能开始运动是各种力综合作用的结果[46]。当水流条件一定时,对非黏性泥沙的受力分析是经典的力学问题,起动力(矩)大于抗拒力(矩),泥沙就可以起动。一般取沿着水流方向进行受力分析,作用力有以下几种:有效重力、水流对泥沙表面的摩擦力、水流对泥沙的正面推移力、水流上举力和颗粒间的离散力。一般而言,沙波上的泥沙颗粒除了水平推移力(拖曳力)、垂直上举力、有效重力,还受到渗流力和离散力的作用,当这些作用力的综合结果使得泥沙颗粒失去平衡,泥沙颗粒便开始起动。

1)有效重力

单个泥沙颗粒粒径为 D 的水下有效重力为:

$$G=(\gamma_s-\gamma)\alpha_w D^3 \tag{5-4}$$

式中,α_w 为体积系数,重力通过重心,垂直向下。

2)水流拖曳力

作用在单个泥沙颗粒上的水流力就是水流的扰流阻力,可表示为:

$$F_D=C_D\alpha_D D^2\frac{\rho U_D^2}{2} \tag{5-5}$$

式中,C_D 为扰流阻力系数;α_D 为水流拖曳力的作用面积系数;U_D 为颗粒顶部的水流作用流速。

水流拖曳力 F_D 是由切应力和正应力组成的。当水流属于层流时,流线紧贴着颗粒表面,由于泥沙颗粒表面的不光滑性,与其接触的水流之间产生了摩擦力,此时切向应力是作用在泥沙颗粒上的主要力,作用点位置在泥沙重心以上。当雷诺数较大后,即水流为紊流流态时,水流经过泥沙颗粒时会发生分离,在泥沙背水面形成涡团,从而产生压力差,此时切应力效应可以忽略不计,作用力正好通过重心。

3)上举力

作用在泥沙颗粒上的上举力可以表示成下式:

$$F_{\mathrm{L}} = C_{\mathrm{L}}\alpha_{\mathrm{L}}D^2\frac{\rho U_D^2}{2} \tag{5-6}$$

式中,C_{L} 为扰流阻力系数;α_{L} 为上举力的作用面积系数。

4)渗透压力

当床面表层渗透条件较好、入渗率较大时,坡面水流入渗会产生与入渗方向一致渗透压力:

$$F_{\mathrm{s}} = \rho g J_{\mathrm{s}} a_3 d^3 \tag{5-7}$$

式中,J_{s} 为土壤中渗透水流的水力坡度。

5)粒间离散力

由于泥沙颗粒运动的随机性很强,当大量泥沙颗粒一起运动时,有些泥沙刚起动,速度较小,而有些泥沙从水流中已经获得较大的动能,以较快的速度运动,并且泥沙颗粒的运动方向也不一致。所以在运动过程中,泥沙颗粒就会与周围泥沙发生碰撞,相互之间而产生作用力,称之为粒间离散作用力。

上举力 F_{L} 是由于水流的压力差及水流垂向的脉动作用形成的。由于泥沙颗粒顶部水流流速大,而底部流速小,根据伯努利定律,在泥沙上下表面会形成压力差而产生上举力。同时实测数据表明,垂向流速并不等于零,最大可以达到0.08m/s,此时水流垂向脉动作用不可忽略。式(5-6)并没有有效地反映上述两种作用,只是通过颗粒顶部的水流作用流速来表征水流对泥沙颗粒的上举作用。根据流速垂向分布可知,上部流速大于底部,当泥沙起动上升后,随着颗粒顶部的水流流速不断增大,上举作用也不断增强,从而形成一个循环过程,使得泥沙颗粒不断往水面运动,这与当泥沙起动后还会下落到床面的现象不符[2],故式(5-6)有待进一步的研究。

克兰[47]的氢泡试验已证明:在靠近底部的层流区也存在三维的涡流结构,存在周期性不稳定现象,因此不能看作完全稳定的层流区来处理。沙波上的泥沙处于复杂的水流状态,背流面存在较强的漩涡,使得迎流面上的水流三维特征更为明显。同时实测数据也表明除水流方向外,横、垂向的流速值也较大,不可忽略。因此对泥沙进行受力分析时,应该从三维作用力的角度,充分考虑紊动水流对泥沙颗粒的前后、左右以及上下各个方向的影响。在研究中,为简化问题的研究,暂不考虑泥沙颗粒的三维受力情况。

5.4 沙波泥沙起动流速公式

5.4.1 沙波上泥沙受力分析

沙波上泥沙起动所受到的作用力远比在平坡上复杂许多。为简化研究问题,暂不考虑纵、横及垂向的脉动作用力,只考虑除式(5-4)、式(5-5)和式(5-6)三个作用力以外的水流冲击力。

水流流经沙波时,由于沙波地形影响,水流流态发生改变,表明沙波地形对水流存在作用力。根据牛顿第三运动定律,力的作用是相互的,所以水流对床面也存在作用力,暂且理解为水流冲击力(图 5.1)。当水流到达波谷时,平均流速成水平方向;而在下一个波峰时,平均流速呈倾斜向上状态。根据受力分析可知,床面对水流的作用力方向垂直于迎流面,即水流对床面的作用力垂直于迎流面。垂直于迎流面的动量方程为:

$$F_{\mathrm{T}}\Delta t = M\Delta U_{\mathrm{V}} \tag{5-8}$$

由图 5.1 中可知:

$$M = \rho Q\Delta t, Q = dU_{\mathrm{D}}, \Delta U_{\mathrm{V}} = \frac{h}{\sqrt{\lambda^2 + h^2}}U_{\mathrm{D}} \approx \frac{h}{\lambda}U_{\mathrm{D}}$$

代入(5-8)得:

$$F_{\mathrm{T}}\Delta t = \rho dU_{\mathrm{D}}\Delta t\frac{h}{\lambda}U_{\mathrm{D}}$$

经化简得单位时间水流冲击力为:

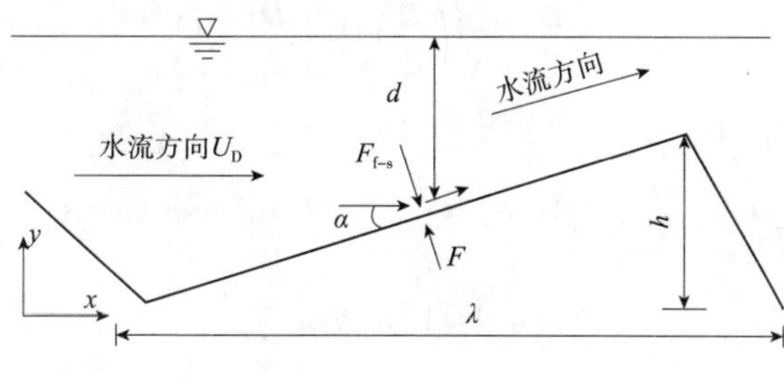

图 5.1 水流冲击力

$$F_{\mathrm{T}} = d\rho \frac{h}{\lambda} U_{\mathrm{D}}^{2}$$

单位时间单位面积上水流冲击力为：

$$F = \frac{F_{\mathrm{T}}}{d/(h/\lambda)} = \rho \left(\frac{h}{\lambda}\right)^{2} U_{\mathrm{D}}^{2}$$

单位时间单颗泥沙上的作用力为：

$$F_{\mathrm{f-s}} = \alpha_{\mathrm{L}} D^{2} F = \alpha_{\mathrm{L}} D^{2} \rho \left(\frac{h}{\lambda}\right)^{2} U_{\mathrm{D}}^{2} \tag{5-9}$$

式中，Δ 此处代表小量；α_{L} 为垂向的作用面积系数；d 为平均水深；D 为泥沙的平均粒径；U_{V} 为垂直于应流面的流速；U_{D} 为纵向平均流速。

式(5-9)符合通过流速平方的正比关系式来间接表达作用在泥沙颗粒表面水流力的规律。

5.4.2 力臂的确定

泥沙颗粒起动形式多为滑动或滚动，目前的研究对此仍存在许多争论。试验中观测到泥沙起动并非单一的运动形式，究竟是以滑动或滚动方式起动取决于泥沙颗粒的位置与近底水流条件的关系。如坡面较为光滑，则以滑动为主；如坡面较为粗糙，则以滚动为主。根据试验观察，采用滚动模式建立力矩平衡方程。沙波迎流面上，因地形坡度的影响，作用在泥沙颗粒上力臂也将有别于平整床面。根据图5.2所示，确定各力臂值如下。

水平拖曳力的力臂 L_{D} 为：

$$L_{\mathrm{D}} = \frac{D}{6} + \left(\frac{D}{2} - \Delta\right) \tag{5-10}$$

上举力的力臂 L_{L} 为：

$$L_{\mathrm{L}} = \frac{D}{6} + \sqrt{\left(\frac{D}{2}\right)^{2} - \left(\frac{D}{2} - \Delta\right)^{2}} \tag{5-11}$$

有效重力的力臂 L_{G} 为：

$$L_{\mathrm{G}} = \frac{D}{2}\sin(\beta + \theta) = \frac{D}{2}(\sin\beta\cos\theta + \sin\theta\cos\beta)$$

$$\cos\theta \approx 1, \sin\theta \approx \frac{h}{\lambda}$$

式中，θ 为沙波迎流面与水平面的夹角；β 为泥沙颗粒重心与接触点的连线与迎流面法线的夹角。

有效重力的力臂 L_G 也可写为：

$$L_G = \sqrt{\left(\frac{D}{2}\right)^2 - \left(\frac{D}{2} - \Delta\right)^2} + \frac{h}{\lambda}\left(\frac{D}{2} - \Delta\right) \tag{5-12}$$

水流冲击力的力臂 L_{f-s} 为：

$$L_{f-s} = \sqrt{\left(\frac{D}{2}\right)^2 - \left(\frac{D}{2} - \Delta\right)^2} \tag{5-13}$$

式中，Δ 为泥沙颗粒的暴露度；D 为泥沙颗粒；h 为波高；λ 为波长。

5.4.3 起动流速公式推导

根据沙波上泥沙颗粒起动受力情况（图 5.2）可知，作用在泥沙颗粒上对 A 点的力矩平衡方程为：

$$F_D L_D + F_L L_L = G L_G + F_{f-s} L_{f-s} \tag{5-14}$$

将式(5-4)～式(5-13)代入式(5-14)得：

$$C_D \alpha_D D^2 \rho \frac{U_D^2}{2}\left(\frac{2}{3}D - \Delta\right) + C_L \alpha_L D^2 \frac{\rho U_D^2}{2}\left[\frac{D}{6} + \sqrt{\left(\frac{D}{2}\right)^2 - \left(\frac{D}{2} - \Delta\right)^2}\right]$$

$$= (\gamma_s - \gamma)\alpha_w D^3 \left[\sqrt{\left(\frac{D}{2}\right)^2 - \left(\frac{D}{2} - \Delta\right)^2} + \frac{h}{\lambda}\left(\frac{D}{2} - \Delta\right)\right] +$$

$$\alpha_L D^2 \rho \left(\frac{h}{\lambda}\right)^2 U_D^2 \sqrt{\left(\frac{D}{2}\right)^2 - \left(\frac{D}{2} - \Delta\right)^2}$$

将上式整理得：

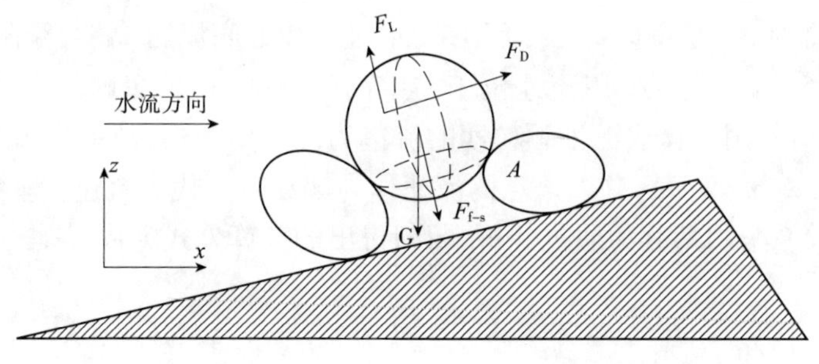

图 5.2 沙波上泥沙颗粒起动受力情况

$$U_{\mathrm{D}}^{2}\left[\frac{2}{3}D-\Delta+\frac{C_{\mathrm{L}}\alpha_{\mathrm{L}}}{C_{\mathrm{D}}\alpha_{\mathrm{D}}}\left(\frac{D}{6}+\sqrt{D\Delta-\Delta^{2}}\right)-\frac{2\alpha_{\mathrm{L}}}{C_{\mathrm{D}}\alpha_{\mathrm{D}}}\left(\frac{h}{\lambda}\right)^{2}\sqrt{D\Delta-\Delta^{2}}\right]$$
$$=\frac{2\alpha_{\mathrm{W}}}{C_{\mathrm{D}}\alpha_{\mathrm{D}}}\frac{(\gamma_{\mathrm{s}}-\gamma)}{\gamma}gD\left[\sqrt{D\Delta-\Delta^{2}}+\frac{h}{\lambda}\left(\frac{D}{2}-\Delta\right)\right]$$

式中，U_{D} 是泥沙起动底速。将上式变换得：

$$U_{\mathrm{D}}=\left[\frac{2\alpha_{\mathrm{W}}}{C_{\mathrm{D}}\alpha_{\mathrm{D}}}\frac{(\gamma_{\mathrm{s}}-\gamma)}{\gamma}\right]^{\frac{1}{2}}gD\left[\sqrt{D\Delta-\Delta^{2}}+\frac{h}{\lambda}\left(\frac{D}{2}-\Delta\right)\right]^{\frac{1}{2}}$$

$$\left[\frac{2}{3}D-\Delta+\frac{C_{\mathrm{L}}\alpha_{\mathrm{L}}}{C_{\mathrm{D}}\alpha_{\mathrm{D}}}\left(\frac{D}{6}+\sqrt{D\Delta-\Delta^{2}}\right)-\frac{2\alpha_{\mathrm{L}}}{C_{\mathrm{D}}\alpha_{\mathrm{D}}}\left(\frac{h}{\lambda}\right)^{2}\sqrt{D\Delta-\Delta^{2}}\right]^{-\frac{1}{2}}=\omega\varphi \quad (5\text{-}15)$$

其中

$$\omega=\left[\frac{2\alpha_{\mathrm{W}}}{C_{\mathrm{D}}\alpha_{\mathrm{D}}}\frac{(\gamma_{\mathrm{s}}-\gamma)}{\gamma}gD\right]^{\frac{1}{2}} \quad (5\text{-}16)$$

$$\varphi=\frac{\left[\sqrt{2\Delta'-\Delta'^{2}}+\frac{h}{\lambda}(1-\Delta')\right]^{\frac{1}{2}}}{\frac{4}{3}-\Delta'+\frac{C_{\mathrm{L}}\alpha_{\mathrm{L}}}{C_{\mathrm{D}}\alpha_{\mathrm{D}}}\left(\frac{1}{3}+\sqrt{2\Delta'-\Delta'^{2}}\right)-\frac{2\alpha_{\mathrm{L}}}{C_{\mathrm{D}}\alpha_{\mathrm{D}}}\left(\frac{h}{\lambda}\right)^{2}\sqrt{2\Delta'-\Delta'^{2}}} \quad (5\text{-}17)$$

$$\Delta'=\frac{\Delta}{D/2} \quad (5\text{-}18)$$

式中，Δ'为泥沙颗粒的相对暴露度。

5.4.4 近底流速与垂向平均流速换算

利用式(5-15)能够计算出沙波上泥沙起动的近底流速值，但基于目前测量和实际使用中的困难，往往需要转换成垂线平均流速。目前，近底流速和垂线平均流速之间的换算关系一般采用韩其为[5]和唐存本[19]两人分别提出的换算公式。

(1)因选取流速的作用高度不同，换算系数也有所区别。当作用流速位于床面颗粒的顶部时，按 Hnkntnn[5]试验结果，水流平均近底流速 U_{D} 与摩阻流速 u_* 的关系为 $U_{\mathrm{D}}=5.6u_*$；当取作用流速位于糙率高的顶端时，由窦国仁[48]公式计算得 $U_{\mathrm{D}}=7.84u_*$。作用在床底泥沙颗粒沙的流速为倒三角分布，故取水流作用点距床面的距离为 $\alpha d(\alpha=2/3)$，并以该点的流速作为起动时的代表流速。垂线平均流速 U_{C} 与 u_* 的关系采用韩其为通过分析、回归得出的计算公式为：

$$\frac{U_{\mathrm{C}}}{u_*}\approx 6.5\left(\frac{d}{D}\right)^{\frac{1}{6}} \quad (5\text{-}19)$$

式中，d 为泥沙颗粒起动时的水深；D 为泥沙颗粒粒径；u_* 为摩阻流速。

(2)唐存本[19]提出的近底流速与垂线平均流速的换算公式为:

$$U_{\mathrm{D}} \approx \frac{m+1}{m} U_{\mathrm{C}} \left(\frac{D}{d}\right)^{\frac{1}{m}} \tag{5-20}$$

式中,系数 $m=4.7\,(d/D)^{0.06}$,天然河流 m 取 6。

通过第 4 章的分析可知,不同坡度沙波上泥沙的起动较底、边坡有着诸多差别,其中重要的一个方面就是水流流态的不同。平坡上水流流态较好,一般认为服从指数或对数流速分布,以往泥沙起动研究中一般采用式(5-19)、式(5-20)进行换算,其本质都是指数流速分布公式。但沙波上的水流为非均匀流,与负坡上的流动类似,却又存在着区别。根据第 4 章提出的沙波迎流面上流速分布公式,建立以下近底流速与垂线平均流速的换算公式,即:

$$U_{\mathrm{D}} \approx U_{\mathrm{C}} \left[\frac{m+1}{m}\left(\frac{D}{d}\right)^{\frac{1}{m}} + f\left(\frac{x}{\lambda}, \frac{d}{h}\right) a\phi\left(\frac{D}{d}\right)\right] \tag{5-21}$$

式中,m 取值同上为 6;a 中含有参数 U_{C},在使用过程中需要迭代,但由于 U_{C} 的变化对 a 的影响不大,故计算前先假定一个 U_{C} 代入公式进行计算。

将式(5-21)代入式(5-15)得沙波上泥沙起动垂线平均流速计算公式:

$$U_{\mathrm{C}} = \frac{\varphi\omega}{\frac{7}{6}\left(\frac{D}{d}\right)^{\frac{1}{6}} + f\left(\frac{x}{\lambda}, \frac{d}{h}\right) a\phi\left(\frac{D}{d}\right)} \tag{5-22}$$

式(5-22)符合泥沙颗粒起动流速的一般表达式 $V_{\mathrm{c}} = AXB$。其中,A 与泥沙起动模式以及外在因素有关,即与流速作用力相关的影响因素一般出现在 A 式中,如本章提出的水流冲击力等,部分学者认为 A 的取值为 1.12 ~ 1.21 比较合适;B 的表达式结构一般受到泥沙内在因素的影响,即与流速无关的影响因素一般出现在 B 式中,对于无黏性粗颗粒泥沙而言,$B=\left(\frac{\gamma_{\mathrm{s}}-\gamma}{\gamma} gD\right)^{\frac{1}{2}}$;$X$ 主要受到水流流速的垂向分布影响作用,在均匀流中流速服从指数分布,$X=\left(\frac{d}{D}\right)^{\frac{1}{7}\sim\frac{1}{6}}$,而在式(5-22)中,由于在沙波迎流面上的次生流作用使得流速垂向分布发生改变,故 $X=\frac{7}{6}\left(\frac{D}{d}\right)^{\frac{1}{6}} + f\left(\frac{x}{\lambda}, \frac{d}{h}\right) a\phi\left(\frac{D}{d}\right)$。

5.4.5 公式参数的确定

起动流速公式(5-22)中有关参数可以根据表 5.2 中相关系数取值。

起动流速公式中有关参数及其取值　　表 5.2

参数名称	参数符号	取　值
泥沙颗粒粒径	D	根据实际取值
水流拖曳力相应的面积系数	α_D	$\pi/4$
水流上举力相应的面积系数	α_L	$\pi/4$
重力相应的面积系数	α_W	$\pi/6$
拖曳力系数	C_D	0.4
上举力系数	C_L	0.1
水流作用在泥沙颗粒上的作用点位置系数	α	2/3
床面泥沙颗粒相对隐暴度系数	Δ'	0～1
波陡	h/λ	根据实际取值

5.4.6　沙波起动流速公式的分析

(1)式(5-22)充分考虑了坡度对泥沙起动的影响。在以往底坡泥沙起动研究中,往往只考虑了坡度对重力分解的影响。当坡度为正时,坡度越大,泥沙越易起动;而当坡度为负时,坡度越大,泥沙越难起动。研究发现,沙波上坡度不仅对重力分解存在影响,也影响水流结构。试验结果表明,迎流面上泥沙起动流速小于平整床面,这与以上底坡泥沙起动中只考虑重力分解作用得出的结论恰恰相反,说明坡度影响范围不仅是如此。式(5-22)表明坡度对重力分解、水流流态以及新作用力均产生影响,泥沙的起动是以上各种作用的综合结果。这与 Adel Emadzadeh[43] 的结论一致,泥沙起动是"重力效应"和"压力效应"的综合结果,但 Adel Emadzadeh[43] 的试验是在负坡上进行的,不需考虑水流冲击力。

根据实测数据可知:在波峰处,次生流充分发展,泥沙起动流速较小;再附点附近,受到上游波峰下泄流的清扫作用,泥沙起动流速也较小;在再附点和波峰之间,起动流速有所增加。从第 4 章的分析可知,次生流在迎流面上不断发展,不同位置处的水流流态也不尽相同。由于式(5-15)中起动流速的推导不涉及加速次生流,故相对位置的影响主要体现在近底流速和垂线平均流速的换算关系中。式(5-22)考虑了水平相对位置对沙波迎流面上泥沙起动流速的影响,符合实际情况,但由于忽略了背流面水流流态的影响,某些位置与实际情况仍有差别,有待进一步研究。

(2)当 $h/\lambda=0$ 时,即床面为平整床面,从而满足:

$$U_{\mathrm{C}}=\frac{6}{7}\left(\frac{d}{D}\right)^{\frac{1}{6}}\left[3.3\frac{(\gamma_{\mathrm{s}}-\gamma)}{\gamma}gD\right]^{\frac{1}{2}}\frac{(2\Delta'-\Delta'^2)^{\frac{1}{4}}}{\frac{1}{4}\left(\frac{1}{3}+\sqrt{2\Delta'-\Delta'^2}\right)} \tag{5-23}$$

上式即平整床面上较粗颗粒的瞬时起动流速公式，与沙莫夫[12]、唐存本[19]、张瑞谨[20]等提出的公式在表达形式上完全一致。

(3)当式(5-22)中不考虑水流冲击力，并认为次生流充分发展(即采用乐培九次生流计算公式)，可得底坡上泥沙起动流速公式为：

$$\varphi_1=\frac{\left[\sqrt{2\Delta'-\Delta'^2}+\frac{h}{\lambda}(1-\Delta')\right]^{\frac{1}{2}}}{\frac{4}{3}-\Delta'+\frac{C_{\mathrm{L}}\alpha_{\mathrm{L}}}{C_{\mathrm{D}}\alpha_{\mathrm{D}}}\left(\frac{1}{3}+\sqrt{2\Delta'-\Delta'^2}\right)} \tag{5-24}$$

$$U_{\mathrm{C}}=\frac{\omega\varphi_1}{\frac{7}{6}\left(\frac{D}{d}\right)^{\frac{1}{6}}+a\phi\left(\frac{D}{d}\right)} \tag{5-25}$$

式(5-25)是在负坡上为加速流的情形下得出的起动流速计算公式。若为均匀流，则需忽略次生流的影响。值得注意的是，式(5-25)只适用于坡度不是很大的情况下，若坡度较大，则为：

$$\varphi_1=\frac{\left[\cos\theta\sqrt{2\Delta'-\Delta'^2}+\sin\theta(1-\Delta')\right]^{\frac{1}{2}}}{\left(\frac{4}{3}-\Delta'\right)+\frac{1}{4}\left(\sqrt{2\Delta'-\Delta'^2}+\frac{1}{3}\right)} \tag{5-26}$$

上式中负坡时 $\theta>0$，正坡时 $\theta<0$。即式(5-25)也可用于正坡上泥沙起动流速计算，这与聂锐华[38]建立的不同底坡无黏性非均匀颗粒在部分隐暴状态下的起动流速计算公式是一致的。但由于本书中拖曳力和上举力的作用点选取在 2/3 处，而聂锐华取在重心处，由此会导致部分系数可能不同。

5.5 沙波泥沙起动流速公式的验证

5.5.1 相对暴露度的确定

在对均匀沙起动的研究初期，一般不考虑暴露度对泥沙颗粒的影响。但实际发现，暴露度不同，泥沙起动的临界条件也不相同。采用相对暴露度系数来反映泥沙颗粒在床面的暴露度。根据定义，绝对暴露度为所研究颗粒的最低点与相邻下游颗粒最高点间的垂向距离 Δ；相对暴露度为绝对暴露度与泥沙粒径的比值 $\Delta'=\Delta/(D/2)$，其取值范围为 0 ~ 1。当某一颗泥沙完全暴露在其他颗粒之上时,其相对隐蔽系数趋于0;而当某一颗泥沙完全隐蔽时,其相对暴露度系数则为1。由于泥沙颗粒相对暴露度的影响,床面上泥沙颗粒起动较完全暴露时困难。

为了确定相对暴露度系数,研究过程中先对两种试验均匀沙分别进行平坡上的泥沙起动试验,各项试验数据见表5.3。表5.3是式(5-22)在相对暴露度系数$\Delta'=0.35$的情况下计算得到的结果。从表5.3中可以看出,沙漠夫和式(5-22)计算结果均与实际测量值相吻合,表明了以上两个公式的正确性。但同时可以发现,沙莫夫公式的计算值均小于实际值,而式(5-22)的计算值在实际值左右,且更接近于实际值,说明本书公式的精度高于沙莫夫公式。通过以上试验分析得到粒径为0.5mm和0.7mm两种均匀沙的相对暴露度系数$\Delta'=0.35$。在下文分析中将采用这一数值代入式(5-22)中计算沙波上的泥沙起动流速。

平坡起动试验 表5.3

粒径 D (mm)	流量 Q(L/s)	水深 h(cm)	实测平均流速 (m/s)	沙莫夫起动流速 v (m/s)	本书计算起动流速 U_C (m/s)
0.5	100	31.91	0.314 2	0.302 1	0.318 0
0.7	110	31.52	0.352 0	0.337 2	0.355 1

5.5.2 沙波上起动流速公式的验证

根据水槽试验数据,代入式(5-22)进行计算分析。表5.4统计了计算公式精度。计算值与偏差率见表5.5。

计算公式精度统计 表5.4

范　围	0号~3号测点	0号~2号测点
$0.7<X_c/X_m<1.43$	96.88	100.00
$0.8<X_c/X_m<1.25$	82.81	100.00
$0.9<X_c/X_m<1.11$	67.19	85.42

通过表5.5可以发现,本书建立的泥沙起动流速计算公式精度较高,最大正偏差率为51.52%,最大负偏差率为22.83%。由于3号测点靠近再附点,受回流区的影响,利用式(5-22)的计算误差较大。和第2章表2.2相比,表5.4表明式(5-22)的精度明显高于上述公式。当不考虑3号测点的数据,在[0.90,1.11]的精度达到85.42%,表明本书公式的正确性,同时也说明了沙波上的泥沙起动有别于底坡上泥沙的起动,需要单独考虑。

式(5-22)计算的偏差率 表 5.5

序号	测点	沙波	波陡	泥沙粒径(m)	水深(m)	实测流速(m/s)	式(5-22)(m/s)	偏差率(10%)
1	0	1	0.075 0	0.000 5	0.187 5	0.196 8	0.216 255	9.885 8
2	0	2	0.075 0	0.000 5	0.186 1	0.216 4	0.216 165	-0.108 6
3	0	3	0.075 0	0.000 5	0.184 6	0.221 7	0.216 067	-2.540 8
4	0	4	0.075 0	0.000 5	0.183 1	0.230 3	0.215 967	-6.223 4
5	0	1	0.075 0	0.000 7	0.178 0	0.271 9	0.245 127	-9.846 5
6	0	2	0.075 0	0.000 7	0.177 5	0.277 6	0.245 084	-11.713 3
7	0	3	0.075 0	0.000 7	0.177 0	0.280 6	0.245 041	-12.672 5
8	0	4	0.075 0	0.000 7	0.176 5	0.282 5	0.244 997	-13.275 5
9	0	1	0.100 0	0.000 5	0.130 5	0.209 3	0.209 136	-0.078 3
10	0	2	0.100 0	0.000 5	0.129 4	0.226 4	0.209 003	-7.684 1
11	0	3	0.100 0	0.000 5	0.128 3	0.256 9	0.208 869	-18.696 4
12	0	4	0.100 0	0.000 5	0.127 2	0.270 5	0.208 732	-22.834 6
13	0	1	0.100 0	0.000 7	0.108 0	0.263 4	0.234 027	-11.151 6
14	0	2	0.100 0	0.000 7	0.107 5	0.276 8	0.233 933	-15.486 7
15	0	3	0.100 0	0.000 7	0.106 3	0.283 5	0.233 705	-17.564 4
16	0	4	0.100 0	0.000 7	0.105 5	0.300 1	0.233 551	-22.175 6
17	1	1	0.075 0	0.000 5	0.248 0	0.202 3	0.230 027	13.705 7
18	1	2	0.075 0	0.000 5	0.246 6	0.231 4	0.229 967	-0.619 4
19	1	3	0.075 0	0.000 5	0.245 2	0.214 0	0.229 906	7.432 7
20	1	4	0.075 0	0.000 5	0.243 8	0.236 9	0.229 845	-2.978 1
21	1	1	0.075 0	0.000 7	0.173 0	0.228 8	0.255 745	11.776 7
22	1	2	0.075 0	0.000 7	0.171 7	0.227 4	0.255 609	12.405 1
23	1	3	0.075 0	0.000 7	0.170 7	0.234 2	0.255 503	9.096 1
24	1	4	0.075 0	0.000 7	0.169 7	0.243 7	0.255 397	4.799 6
25	1	1	0.100 0	0.000 5	0.138 0	0.195 2	0.220 854	13.142 4
26	1	2	0.100 0	0.000 5	0.136 1	0.198 7	0.220 616	11.029 4
27	1	3	0.100 0	0.000 5	0.134 2	0.224 1	0.220 372	-1.663 5
28	1	4	0.100 0	0.000 5	0.132 3	0.235 9	0.220 123	-6.688 0
29	1	1	0.100 0	0.000 7	0.183 0	0.250 1	0.255 868	2.306 2
30	1	2	0.100 0	0.000 7	0.181 2	0.261 4	0.255 697	-2.181 8
31	1	3	0.100 0	0.000 7	0.179 4	0.267 2	0.255 523	-4.370 1
32	1	4	0.100 0	0.000 7	0.177 6	0.282 9	0.255 346	-9.739 7

续上表

序号	测点	沙波	波陡	泥沙粒径（m）	水深（m）	实测流速（m/s）	式(5-22)（m/s）	偏差率（10%）
33	2	1	0.075 0	0.000 5	0.285 8	0.247 9	0.243 234	-1.882 1
34	2	2	0.075 0	0.000 5	0.284 7	0.259 8	0.243 191	-6.393 0
35	2	3	0.075 0	0.000 5	0.283 6	0.252 6	0.243 147	-3.742 3
36	2	4	0.075 0	0.000 5	0.282 5	0.279 9	0.243 103	-13.146 4
37	2	1	0.075 0	0.000 7	0.284 2	0.272 1	0.275 958	1.417 9
38	2	2	0.075 0	0.000 7	0.282 8	0.278 6	0.275 888	-0.973 6
39	2	3	0.075 0	0.000 7	0.281 4	0.284 5	0.275 816	-3.052 4
40	2	4	0.075 0	0.000 7	0.280 3	0.288 8	0.275 760	-4.515 2
41	2	1	0.100 0	0.000 5	0.220 2	0.207 4	0.240 165	15.797 9
42	2	2	0.100 0	0.000 5	0.212 8	0.212 7	0.239 667	12.678 5
43	2	3	0.100 0	0.000 5	0.216 5	0.240 8	0.239 920	-0.365 4
44	2	4	0.100 0	0.000 5	0.214 3	0.253 4	0.239 771	-5.378 6
45	2	1	0.100 0	0.000 7	0.244 2	0.268 8	0.274 109	1.975 1
46	2	2	0.100 0	0.000 7	0.241 9	0.282 9	0.273 957	-3.161 4
47	2	3	0.100 0	0.000 7	0.239 2	0.290 0	0.273 774	-5.595 2
48	2	4	0.100 0	0.000 7	0.236 9	0.307 0	0.273 615	-10.874 6
49	3	1	0.075 0	0.000 5	0.361 0	0.219 1	0.275 207	25.607 9
50	3	2	0.075 0	0.000 5	0.359 7	0.229 9	0.275 146	19.680 6
51	3	3	0.075 0	0.000 5	0.358 4	0.232 2	0.275 084	18.468 6
52	3	4	0.075 0	0.000 5	0.357 1	0.251 8	0.275 023	9.222 6
53	3	1	0.075 0	0.000 7	0.345 0	0.222 4	0.310 212	39.483 8
54	3	2	0.075 0	0.000 7	0.343 7	0.231 2	0.310 132	34.140 1
55	3	3	0.075 0	0.000 7	0.342 4	0.239 4	0.310 051	29.511 8
56	3	4	0.075 0	0.000 7	0.341 1	0.223 4	0.309 970	38.751 3
57	3	1	0.100 0	0.000 5	0.351 0	0.183 3	0.277 728	51.515 6
58	3	2	0.100 0	0.000 5	0.349 7	0.185 2	0.277 668	49.928 6
59	3	3	0.100 0	0.000 5	0.347 7	0.238 1	0.277 574	16.578 7
60	3	4	0.100 0	0.000 5	0.345 5	0.259 0	0.277 470	7.131 4
61	3	1	0.100 0	0.000 7	0.325 0	0.219 7	0.312 469	42.225 4
62	3	2	0.100 0	0.000 7	0.329 2	0.226 8	0.312 736	37.890 8
63	3	3	0.100 0	0.000 7	0.320 9	0.232 9	0.312 203	34.050 2
64	3	4	0.100 0	0.000 7	0.318 7	0.246 4	0.312 058	26.646 9

图 5.3 所示为在各个沙波周期上计算与实测起动流速比值沿程分布情况。图中实线是在波陡为 0.075 条件下的实测结果，虚线是在波陡为 0.100 条件下的实测结果；圆形图标代表粒径为 0.5mm，叉形图标代表粒径为 0.7mm；底部为一个沙波周期的波形。

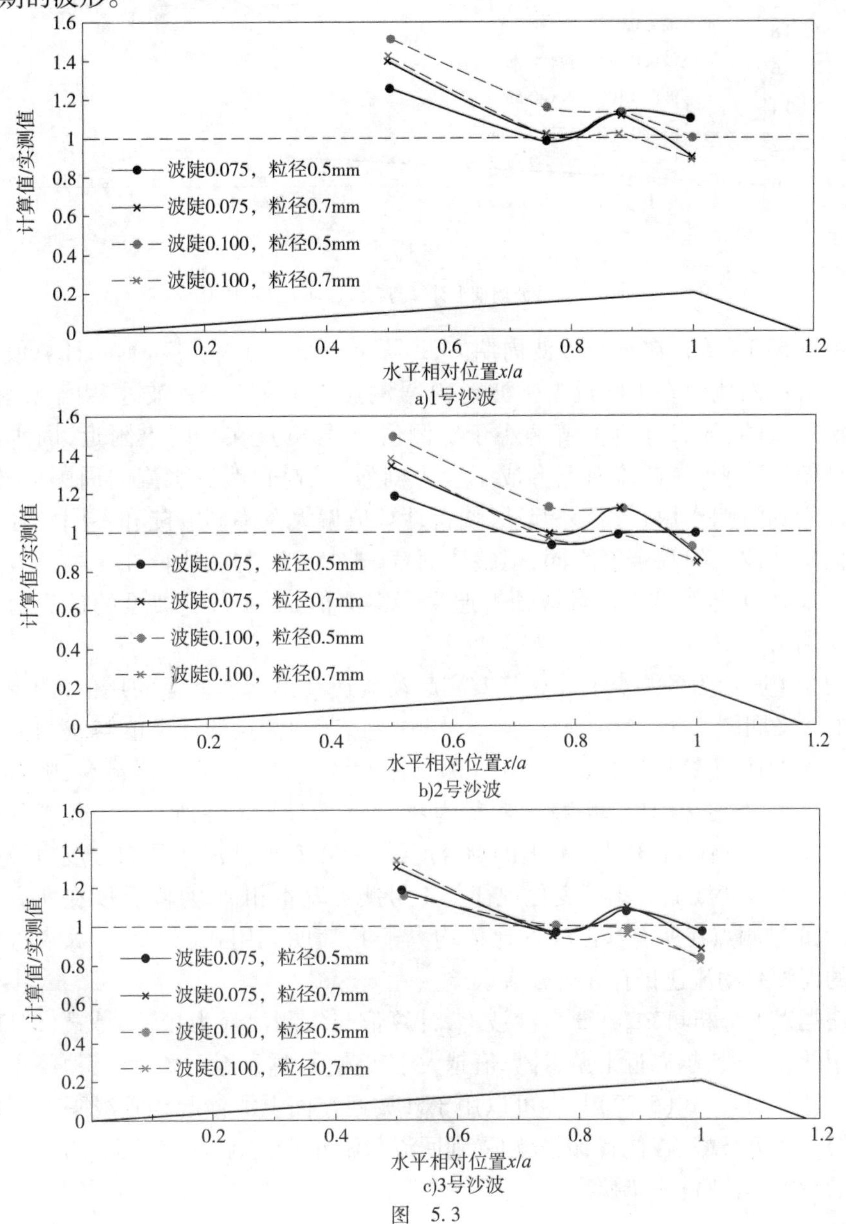

a)1号沙波

b)2号沙波

c)3号沙波

图 5.3

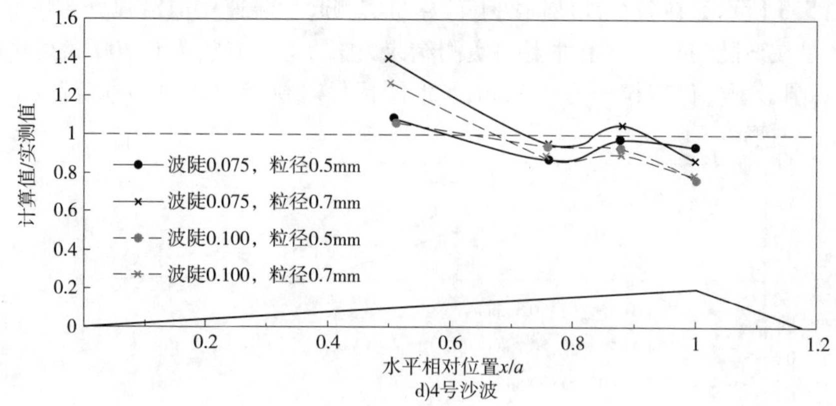

d)4号沙波

图 5.3　各沙波周期上计算与实测起动流速的比值

由图 5.3 可知：在每个沙波周期内，1 号和 2 号测点吻合度最高，计算值与实测起动流速的比值在 1 附近上下波动；0 号测点除了在 1 号沙波外，由于波峰处，受下游回流的影响，计算值普遍小于实测值；3 号测点在再附点附近，因水流从波峰处俯冲下来，在迎流面上形成了较为剧烈的清扫，然后水流向周围散开，泥沙因此受到清扫作用，较容易起动，使得计算值偏大。不同波陡和不同粒径组合在不同的沙波上的吻合度不同，但整体而言，式(5-22)与实测值在 3 号沙波上的吻合度最高，1 号沙波上的计算值普遍大于实测值，而 4 号沙波上的计算值普遍小于实测值。

图 5.4 所示为各测点上计算与实测起动流速在不同沙波上的比值，图中各项图标的含义同图 5.3。图中显示，除 3 号测点外，其他测点的计算值与实测值在不同沙波上的比值在 1 上下波动。0 号测点在 1 号沙波上的吻合度最高，随着越靠近下游，计算值越小于实测值，且粒径为 0.7mm 的计算值在所有沙波位置处均小于实测值；1 号测点在 3 号沙波上的吻合度最高，在其他沙波上的吻合度也较好；2 号测点在 3 号沙波上的比值变化规律与 1 号测点基本相似，且吻合度在所有测点中最高；3 号测点在所有沙波上的比值均大于 1，表明利用式(5-22)计算靠近在再附点的泥沙起动流速仍存在着较大误差。

根据以上分析可知，在 3 号沙波上，计算值与实测值最为接近，是式(5-22)最为适用的沙波段，越靠近上游，计算值越大于实测值，越靠近下游，计算值越小于实测值。总体而言，式(5-22)基本可以用于沙波迎流面上泥沙起动垂线平均流速计算。但在接近波峰、谷位置，因分别受到回流和俯冲流影响，误差较大，需考虑其他因素的影响，有待进一步研究。

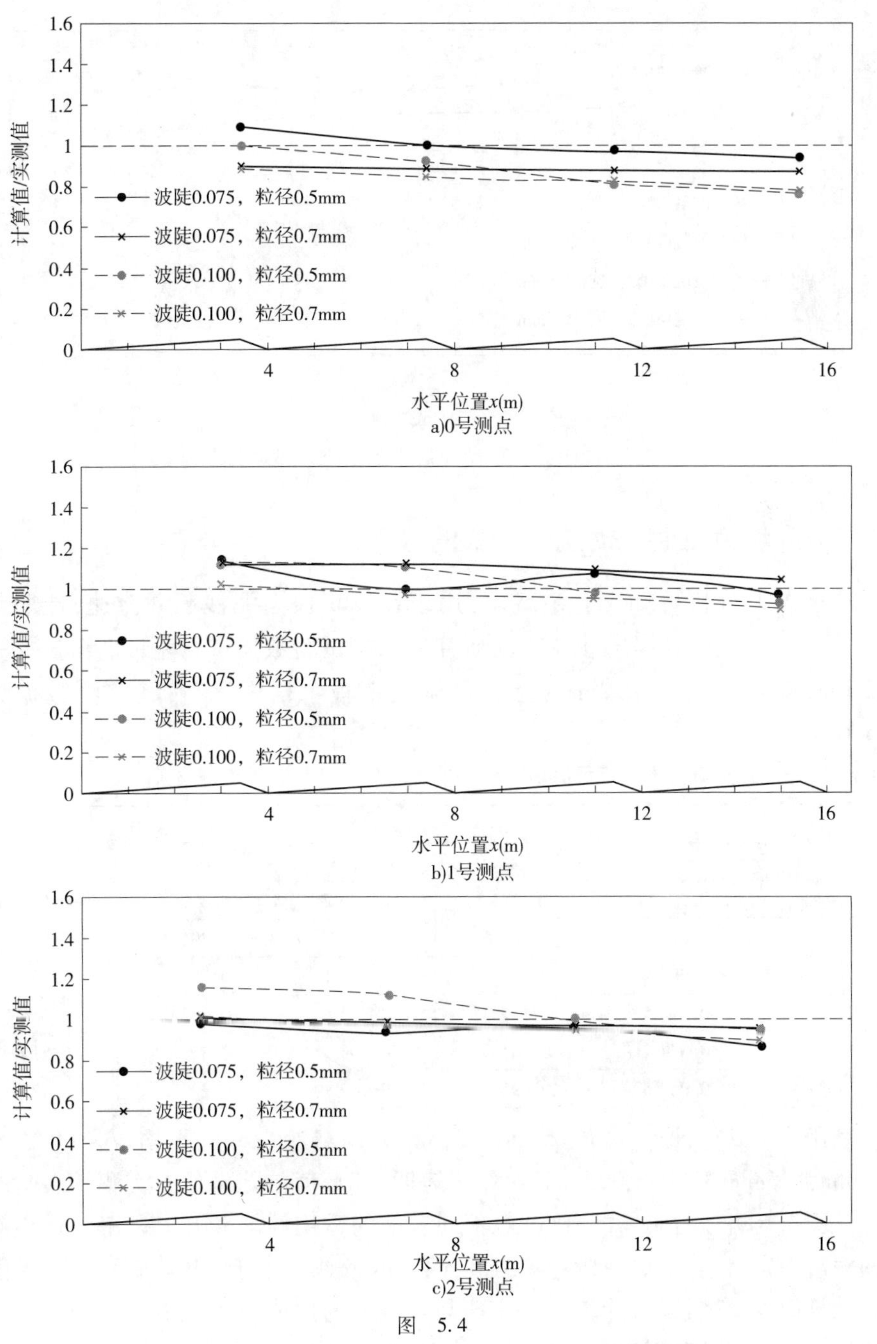

a)0号测点

b)1号测点

c)2号测点

图 5.4

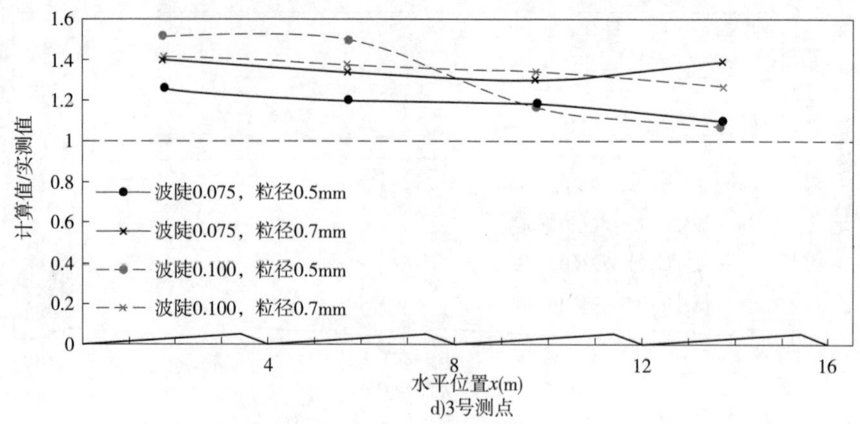

图 5.4　各测点上计算与实测起动流速在不同沙波上的比值

5.5.3　底坡为正时起动流速公式的验证

通过以上分析可知，式(5-25)可用于计算正坡上泥沙起动流速，选取陈奇伯[35]的非黏性均匀花岗岩沙粒起动研究的水槽试验数据进行验证。该试验是在长 2.0m、宽 0.17m、深 0.2m 的倾斜可调式钢板水槽中进行，其实测数据详见表 5.6。

陈奇伯不同槽面底坡条件下非黏性均匀沙粒起动流速(m/s)　　表 5.6

坡　度	粒径(mm)				
	<0.5	0.5 ~ 1.0	1.0 ~ 2.0	2.0 ~ 5.0	5.0 ~ 10.0
5°	0.095 9	0.203	0.326 2	0.419 3	0.671 7
10°	0.091 1	0.168 5	0.292 2	0.391 9	0.635 1
15°	0.084 4	0.135 9	0.260 1	0.380 2	0.593 6
20°	0.078 5	0.116 2	0.242 5	0.356 6	0.554 9
25°	0.074 1	0.105 2	0.204 4	0.305 5	0.512 9
30°	0.069 5	0.096 6	0.145 7	0.220 1	0.423 9

利用式(5-25)，取 $\Delta' = 0.25$，$d = 0.15$m，D 取各组泥沙的平均粒径(0.25mm，0.75mm，1.5mm，3.5mm，7.5mm)。结果表明，计算值与陈奇伯的实测结果基本吻合。从图 5.5 可以看出，式(5-25)对不同底坡的适用性均较好。对于粒径相对较大的泥沙而言，计算值更加接近实测值，两者的偏差均小于 30%；而粒径较小的泥沙的计算值误差则较大，计算起动流速与实测值的比值均大于 1，甚至达到 2。其主要原因是由于试验泥沙的粒径区间较大，而在计算时选取平均粒径。同时当泥

沙粒径小于 0. 5mm 时,试验值均小于 10cm/s,由于该试验比一般水槽试验的结果都偏小,误差可能较大。总体而言,式(5-25)可用于计算正坡上泥沙起动垂线平均流速,同时也进一步说明了式(5-22)的合理性。

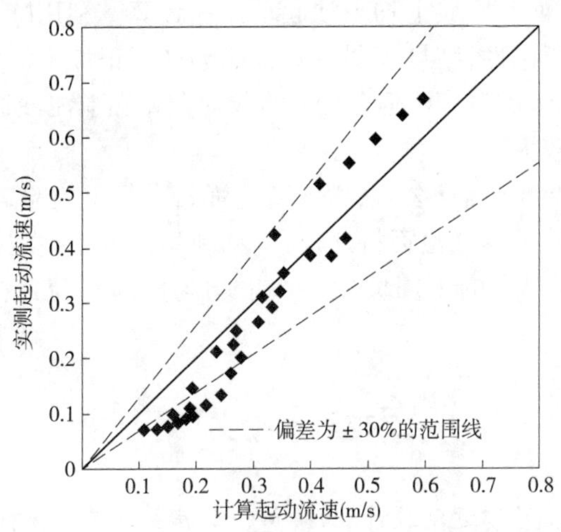

图 5. 5 正坡泥沙起动流速计算值与实测值对比

5. 6 小结

沙波迎流面上水流通常受到背流面涡流结构的影响,水流流态较为复杂,加之泥沙起动具有较强的随机性和不确定性,因而不同坡度沙波上泥沙起动问题的研究具有相当大的难度。鉴于目前沙波上水流结构和边界层理论等方面的研究缺乏深入性和实用性,本章仅对不同坡度沙波均匀沙的起动问题进行了初步研究。从泥沙起动的影响因素、起动模式和受力分析等方面,建立起动流速公式,阐述了泥沙起动对各个因子的响应。主要结论如下:

(1)通过分析,沙波上的泥沙起动基本可以分为 3 个主要区域:

①背流面回流区,受回流影响,底部流速较小,泥沙起动较为困难。

②再附点附近,受波峰下泄流作用,泥沙起动流速较小。

③沙波迎流面,此处泥沙起动流速基本符合本书建立的式(5-22)的起动规律。

(2)起动流速式(5-22)反映了水流和沙波的相互作用,在以往底坡上泥沙起动的研究中,往往只考虑坡度对重力分解的影响,而没考虑对水流的改变作用。本章在近底流速和垂线平均流速换算过程中,考虑了因地形产生的次生流作用,符合实际沙波上的水流情况。

(3)沙波形态对水流流态的作用,使得水流对床面存在作用力,影响泥沙的起动。研究表明,在沙波上泥沙起动研究中,考虑水流冲击力是合理的。

(4)初步验证结果表明,式(5-22)不仅适于不同坡度沙波上泥沙起动流速计算,还可用于平整床面及底坡上均匀沙起动流速计算。利用陈奇伯水槽试验资料检验了式(5-25)的正确性,结果表明该式也能够计算正坡上泥沙起动垂线平均流速,对于坡度的适用范围较广。但式(5-25)仅对于粗颗粒泥沙适用性较好,在计算细颗粒泥沙时误差较大。

(5)沙波上泥沙起动流速公式,用本试验资料进行了检验,与实测值吻合程度较高。但由于目前除了本试验资料外,尚未见到其他关于沙波泥沙起动方面的试验资料,因此本书所建立的不同坡度沙波上均匀沙起动流速公式还有待进一步验证。

本章参考文献

[1] 韩其为,何明民. 泥沙运动统计理论[M]. 北京:科学出版社,1984:45-49.

[2] 刘蛟. 泥沙起动的试验研究与机理分析[D]. 郑州:华北水利水电大学,2013.

[3] Tsuchiya, Y. On the Mechaincs of Salmion of a Sphefical Sand Particle in a Turbulent Stream[J]. IAHR 13th Cong,1969.

[4] Paintal. A Stochastic model of bed load transport[J]. Hy. Res,1971.

[5] 韩其为,何明民. 泥沙起动规律及起动流速[M]. 北京:科学出版社,1999.

[6] 戴清,张治昊,胡健,等. 泥沙起动表达式互化研究[J]. 人民黄河,2010 (1):26-28.

[7] Egiazaroff. Calculation of non-uniform sediment concentration [J]. J. Hyd. Div ASCE,1965,191(4):1256-1260.

[8] Andrews E D. Entrainment of gravel from naturally sorted riverbed material[J]. Geological Society of America Bulletin,1983,94(10):1225-1231.

[9] Gessler J. Behavior of sediment mixtures in rivers[J]. Sediment Transportation,1973.

[10] Ferro V, Porto P. Sediment delivery distributed (SEDD) model[J]. Journal of Hydrologic Engineering,2000,5(4):411-422.

[11] 彭凯,陈远信. 非均匀沙的起动问题[J]. 四川大学学报(工程科学版),1986(2):117-124.

[12] 钱宁,万兆惠. 泥沙运动力学[M]. 北京:科学出版社,1983.

[13] 秦荣昱. 不均匀沙的起动规律[J]. 泥沙研究,1980(1):83-91.
[14] 陈媛儿,谢鉴衡. 非均匀沙起动规律初探[J]. 武汉大学学报(工学版),1988(3):28-37.
[15] 张启卫. 非均匀沙的起动流速[J]. 中国水利学会泥沙专业委员会,全国泥沙基本理论研究学术讨论会论文集,1992.
[16] Bagnold R A. Sediment discharge and stream power: a preliminary announcement[M]. 1960.
[17] Shields. A. Anwendung der Aechlichkeitsmechanik and der Turbulenzforschung. Mitt. Preussische Versuchsanstalt fur Wasserbau and Schiflhau[J]. Berlin,1936.
[18] Helland-Hansen E, Milhous R T, Klingeman P C. Sediment Transport at Low Shields Parameter Values[J]. Journal of the Hydraulics Division,1974,100(1):261-265.
[19] 唐存本. 泥沙起动规律[J]. 水利学报,1963,2(1):1-12.
[20] 张瑞谨. 河流泥沙工程 (上册)[M]. 北京:水利出版社,1981.
[21] 沙玉清. 泥沙运动学引论[M]. 北京:中国工业出版社,1965.
[22] 窦国仁. 论泥沙起动流速[J]. 水利学报,1960 (4):44-60.
[23] 李保如. 泥沙起动流速的计算方法[J]. 泥沙研究,1959(1),71-77.
[24] 孙志林,谢鉴衡. 非均匀沙分级起动规律研究[J]. 水利学报,1997(10):25-32.
[25] 刘兴年. 沙卵石推移质运动及模拟研究[D]. 成都:四川大学,2004.
[26] 张光科,方铎. 非均匀沙起动规律探讨[J]. 四川水力发电,1996,15(3):107-110.
[27] 马菲,韩其为,李大鸣. 非均匀沙分组起动流速[J]. 天津大学学报,2010,43(11):977-980.
[28] 杨奉广,曹叔尤,刘兴年,等. 非均匀沙分级起动流速研究[J]. 四川大学学报:工程科学版,2008(5):51-57.
[29] 钱宁,万兆惠. 泥沙运动力学[M]. 北京:科学出版社,1983.
[30] 童思陈,许光祥. 河湾岸坡泥沙起动流速研究[J]. 水力学报,2008,39(11):1167-1173.
[31] 钟亮,许光祥,童思陈. 河湾坡岸非均匀沙起动流速公式探讨[J]. 泥沙研究,2009,8(4):58-62.
[32] 韩其为,吴岩,徐俊锋. 弯道凹岸边壁上的泥沙起动[J]. 泥沙研究,2013(2):1-8.

[33] 何文社,曹叔尤,袁杰,等.斜坡上非均匀沙起动条件初探[J].水力发电学报,2004,23(4):78-81.

[34] 吴岩,白玉川.渗流作用下的岸坡非均匀沙起动[J].水利水电技术,2014,45(1):136-138.

[35] 陈奇伯,解明曙,张洪江.三峡坝区非粘性均匀花岗岩砂粒起动条件研究[J].人民长江,1996,27(7):13-14.

[36] 刘丽,杨成渝,何光春.复合坡泥沙起动机理及起动流速的探讨[J].重庆交通学院学报 2004,23(5),118-121.

[37] 何文社,曹叔尤,刘兴年,等.不同底坡的均匀沙起动条件[J].水利水运工程学报,2003(3),23-26.

[38] 聂锐华,刘兴年,曹叔尤.不同底坡泥沙起动条件研究[J].中国科技论文在线.

[39] 孟震,杨文俊.基于三维泥沙颗粒相对隐蔽度的底坡上散体沙起动初步研究[J].泥沙研究,2011(5):1-10.

[40] 拾兵,曹叔尤,刘兴年.任意面上非均匀沙起动流速矢量式[J].水动力学研究与进展 A 辑,2003,18(4):505-509.

[41] 韩浩,高建恩,梁改革,等.降雨条件下坡面径流泥沙起动流速研究[J].人民长江 2010,41(12):49-54.

[42] 汤立群.流域产沙模型的研究[J].水科学进展,1996,7(1):47-53.

[43] Adel Emadzadeh, Yee Meng Chiew, Hossein Afzalimehr. Effect of accelerating and deceleratingflows on incipient motion in sand bed streams[J]. Advances in Water Resources 2010(33):1094-1104.

[44] 毛野,张志军,袁新明,等.沙波附近紊流拟序结构特性初步研究[J].河海大学学报(自然科学版),2002,30(5):56-61.

[45] 蒋焕章.公路水文勘测设计与水毁防治[M].北京:人民交通出版社,2002.

[46] 钱宁,谢鉴衡.泥沙手册[J].北京:中国环境科学出版社,1989.

[47] Grass, A. J. Structural factors of turbulent flow over smotth and rough boundaries[J]. J, Flu. Mech, 1971(50):233-255.

[48] 窦国仁.再论泥沙起动流速[J].泥沙研究,1999(6):1-9.

第 6 章 ▶ 沙波泥沙起动机理分析

明渠水流中,水流剪切力作用在松散颗粒堆积而成的床面上,使得泥沙颗粒有规律地向前运动,最终在床面上形成一定重复出现的床面形态。床面形态与河流的水流结构、河床阻力和泥沙输移等问题存在着紧密的内在联系。非平整河床的沙质床面形态统称为沙波。沙波运动是单颗粒泥沙的群体运动行为,是推移质运动的一种主要形态。沙波起伏周期性变化,使得泥沙运动更加复杂。

当泥沙输移时,推移质颗粒在河床表面呈现出不同的表现形式,床面形态也随输沙强度不同而发生改变。明渠水流按照能态可分为 3 种,分别对应于不同的床面形态:

(1)低能态流区,其对应的床面形态为沙纹和沙垄。

(2)过渡区,其对应的床面形态是平整床面,这是到逆行沙垄的过渡区。

(3)高能态流区,其对应的床面形态为平整床面、逆行沙垄和驻波、急滩和深潭。

在床面泥沙起动之前,水流所受到的床面阻力主要来自床面泥沙颗粒;当床面出现沙波后,床面起伏不平的外形会造成床面附近局部水流分离,在分离区产生紊动漩涡,从而引起水流阻力增大。此时水流阻力不仅受床面粗糙度影响,还与沙波尺度有关;在床面附近运动的泥沙往往是以沙波形式向前输送,是对水流强度大小变化、床面泥沙分布不同的一个整体体现,因此运动既具有随机性,又具有确定性;在这一确定的过程中,展现出不同的床面形态,即随机中具有确定性,确定中又酝酿着不稳定,这些不同床面形态也正是这种确定过程中不稳定性的具体体现。

6.1 沙波泥沙起动的随机性

当水流强度到达一定条件时,沙波上的泥沙颗粒必然起动,这样的临界条件称为泥沙起动条件。但在相同的水力条件下和相同的床沙组成时,哪一种泥沙及哪一颗泥沙起动,在一定时间内起动多少颗是一个随机过程。这主要由于:

(1)沙波附近的水流紊动使得作用在床面上的推移力和上举力具有脉动性,

是随机变量。即使床面处于光滑区，在黏性流层内，由于紊动的促发性，也将有动量较大的水团，不断自主流区进入近壁区的黏性流层，引起脉动。

水流是泥沙运动的动力因素，泥沙起动的随机性很大一部分来自于水流，水流流态又由水流结构和边界约束决定。从前人研究成果可知，作用在平整床面的力的脉动，遵循正常的误差定律，同时也有部分学者认为是流速的脉动值遵循正常误差定律。究竟是推移力或上举力的脉动，还是流速的脉动，遵循正常的误差定律，同时沙波上的水流脉动值是否与平坡相似，目前都还需做进一步的工作。事实上，只相对流速平均值来说，流速的脉动不是很大。如果床面附近流速的频率分布服从正常误差定律，作用在床面上的力的分布也接近正常分布。

(2)沙波表面是由各种不同大小、形态各异、比重、方位及不同的相互位置的泥沙颗粒组成的，每个泥沙都具有各自的起动条件。

对于泥沙在床面上的位置，目前有许多表示方法，最常采用的就是暴露度方法。韩其为[1]等人引入暴露度的定义并假定其为均匀分布。Paintal[1]定义所研究颗粒及前后颗粒与床面的高程差为暴露度，并假定这三个暴露度也是均匀分布的。

泥沙颗粒的级配曲线，其分布规律一般由实测数据给定，严格地说是一种频率，但是方便起见，可以看作是概率分布[1]。通常被取为一种离散型的随机变量，其概率函数为：

$$P[\xi_{\mathrm{D}} = D_1] = P[D_1 - \Delta D_1 < D \leqslant D_1 + \Delta D_1] = P_1 \tag{6-1}$$

式中，ξ_{D} 为随机变量；P_1 为床沙级配，即粒径为 D_1 的床沙占总床沙的质量百分数。

(3)由于作用力因时而异，床面上泥沙的动与不动具有很强的随机性，泥沙的起动过程也就很难有个明确的标准。

最早研究泥沙运动包括起动随机性及其规律的是 Einstein[1]，他认为与起动有关的在时间 t 内床面不动泥沙的分布为负指数，其分布函数为：

$$P_{\mathrm{o}} = \mathrm{e}^{-\beta t} \tag{6-2}$$

式中，β 为参数；t 为时间；P_{o}为床面上一颗泥沙不动的概率。当 $t=0$ 时，泥沙不动的概率 P_o 为 1，随着 t 的增加，P_{o} 越来越小，当 $t\to\infty$ 时，P_{o} 为 0，可见不动概率这种变化趋势是合理的。后来，有学者认为负指数难以描述复杂的起动现象，应取为 Γ 分布。虽然 Γ 分布比指数分布多了一个参数，能够更好地适应实际资料，但在具体条件下，从理论上导出 Γ 分布存在一定的困难。之后，又有许多学者对泥沙起动概率进行了相应的研究，并提出自己的公式，但实用性均相对较低。

泥沙起动概率理论性较强，实用性较弱。为了更加方便地判别泥沙起动状态，许多学者进行泥沙起动标准研究，目前 Kramer 以及窦国仁等人分别提出了泥沙起动的判别标准,但在实际应用时泥沙所对应的起动状态很难确定,得到的起动流速仍值得商榷。又因沙波不同位置处的泥沙具有不同的起动流速,所以当一处泥沙未成起动时(如 2 号测点),其他已经起动的泥沙(如 3 号测点)势必会对该处泥沙造成影响,这无论是对泥沙的起动判定还是机理研究均带来很大困难。

由于各种影响因子的随机性和复杂性,很难量化和确定泥沙起动条件,因此许多学者都认为对泥沙起动的研究没有实际意义。Lavllle 和 Mofjeld[2] 在分析大量泥沙起动资料后,从起动定义、试验观察、资料分析和理论模型等各方面进行论证,认为在任何水流条件下都不存在所谓的临界起动条件。

对于上述各种因素的随机性,许多学者提出了许多不同的研究方法:

(1)突变理论。王协康[3]认为泥沙(单颗和整体)由静止到运动的过程是一个突变性的过程。泥沙起动为床面泥沙由静止向运动的突变过程,作为一种质变(静止和运动),起动是飞跃性质变还是渐变性质变,是一个关键性的问题。突变论认为:在两个质太转化的过程中,旧质因素没有明显减弱,质变必以飞跃方式进行;反之,就会以渐变方式进行。因此,床沙的起动是以一种渐变方式达到突变的。利用突变论研究方法,把泥沙起动所受的水流运动强度参数作为状态变量,得到了泥沙起动的突变模型,初步分析认为它属于尖点突变模型,从而利用尖点突变性质较好地解释了不同泥沙起动的现象和机理。

(2)模糊数学。钟亮[4]借助模糊数学的方法,在确定性方法所建立的起动流速的基础上,采用滑动平衡模式建立了考虑水流紊动影响和起动水平时的坡度均匀沙起动流速公式。唐造造[5]认为河床表面由各种粒径、形状、方位和相互位置的泥沙组成,水流的紊动造成作用于泥沙颗粒的力的脉动,使泥沙起动表现出很强的随机性,又带有相当的模糊性。床沙的粗与细、床面的光滑与粗糙,都是典型的模糊概念,在泥沙运动形式的分类、归属上也带有模糊性。王平义和陈远信[6]也曾指出泥沙起动是一种模糊随机现象,将泥沙由静到动问题抽象为模糊规划问题,导出了泥沙颗粒在水平面及斜坡上保持静止作用力的条件。

(3)人工神经网络。王东[7]利用人工神经网络将水槽试验的实测资料作为数据来源,利用 BP 算法的生成器生成网络,对水槽平衡输沙试验中的起动粒径和输沙率进行预测。

针对泥沙起动问题出现的各种研究手段,主要是因为人们对起动机理还没有弄清楚。泥沙起动是一个量变到质变的过程,当水流条件大于一个临界值时,泥沙必然起动。但由于影响泥沙起动的因素众多,而每一个因素自身的随机性又很强,所以很难明确给出一个定值,大多数情况下只能给出统计意义上的数字特征。

6.2 沙波紊流特性

河流普遍存在的水流流动都为紊流,对紊流现象的正确认识直接影响到对自然环境的预测和工程质量。近年来由于水运工程的发展和科学技术的提高,对水流特征在时空分布的要求越来越广,精度也越来越高。紊流是流体力学中的难题,从 Reynold 建立紊流这一概念以来,人们对紊流的认识有了更深的理解,最重要的是人们认识到了紊流是有结构的多尺度运动。沙波上紊流特性对研究泥沙输移和沙波运动等现象有着重要的实际意义。

紊流是流体运动状态失稳后的运动状态。它的瞬时特性是不规则、无法描述的,但它的平均特性却遵循一定的规律。对于紊流,目前还没有一个简单的定义来说明其性质,只能从定性上描述其特性,如不规则性、扩散性、连续性、耗散性等。紊流运动具有明显的三维性,图 6.1 是某一时刻 3 号沙波 2 号测点相对流速值的垂向分布。横、垂向相对值在 0 左右摆动,最大正、负值在 20% 附近。但由于水槽边壁的限制,横向值稍微小于垂向值。根据前人的试验研究,平坡上流速值服从正态分布,虽然横向流速和垂向流速并不影响近床面底部泥沙的输移,但泥沙的起动是瞬时行为,只要流速值超过起动临界值,泥沙必然起动。由此可知,横向和垂向的作用对泥沙运动状态的改变是有贡献的,研究紊流结构对研究泥沙起动具有积极意义。

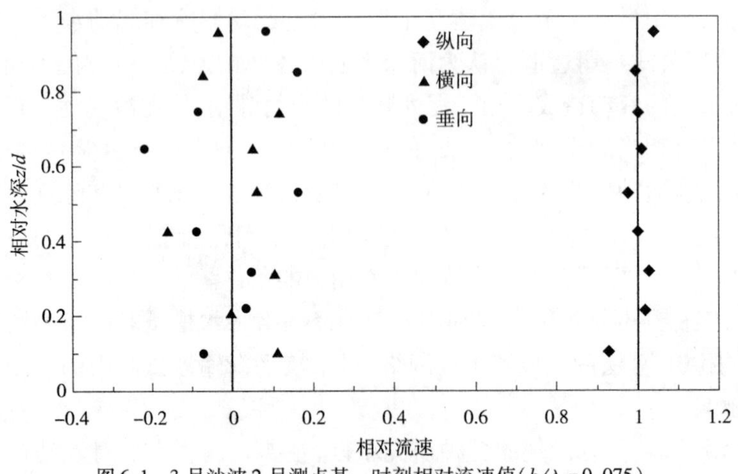

图 6.1 3 号沙波 2 号测点某一时刻相对流速值($h/\lambda=0.075$)

在明渠紊流结构研究方面,朱红钧[8]利用 ADV 实测发现:三向脉动流速基本符合正态分布,纵、横向脉动流速分布态势相近,垂向较为陡峭。横、垂向相对紊动强度比较小,而纵向要大得多,且变化幅度也较大;近壁面相对紊动强度会比中间区域稍大一点;纵向相对紊动强度受流量和水量影响,雷诺应力也出现近边壁稍大现象。雷诺应力垂线分布基本符合三角形分布,因紊流造成在近水面稍稍变大。

沙波紊流结构和明渠有着较大的差别。根据 C. Polatel[9] 的试验数据可知,雷诺应力垂线分布不再符合三角形分布,从近底到水面,雷诺应力先增加后减小,在水面处等于0;紊动强度垂线分布与雷诺应力基本一致,从波谷到波峰,整体分布趋于均匀。毛野[10] 试验研究认为水流在沙波波峰分离,沙波周围高于沙波顶部的流区为自由紊流区,低于沙波顶部的流区为沙波紊流区。在自由紊流区典型的剪切混合层也有显著的以喷射和清扫为主要特征的猝发现象;在沙波紊流区的沙波迎水坡面上水流分离,在背水坡附近产生漩涡。自由紊流区与沙波紊流区之间的紊流拟序结构不同,它们相互作用的结果产生了特有的泡漩现象。沙波紊流区和自由紊流区的紊流拟序结构和它们的相互作用对冲积河流的水流与泥沙运动起决定性作用。

迄今为止,国内外学者对沙波上的水流试验研究较多,对紊流特性也有了基本的认识:沙波紊流结构中存在着涡相干结构即紊流拟序结构,通常认为相干结构分为猝发和大尺度涡旋运动两部分。由于沙波水流的随机性和多样性及紊流逆序结构本身的复杂性,人们对沙波拟序结构的认识还未到达实际应用的程度。

6.3 沙波泥沙运动特点

沙波作为河流中普遍存在的底床形态,与一般泥沙运动有着区别。白玉川[11] 根据沙波地形特点,将沙波分为5个区域研究,如表6.1所示。由于各处的水流泥沙运动特性差异较大,沙波上泥沙起动规律也较平坡复杂许多。同时在试验中观察到横向涡的存在,沙波的三维特性与其有关。

沙波上不同位置的水流泥沙运动[11] 表6.1

序号	位置描述	水流情况	泥沙运动
A	迎流面再附点	水流从波峰俯冲下来,在床面形成有较强烈的间歇性的清扫,清扫后的水流向周围散开泥沙向四周间歇推移,有横向输移;当水流强度较大时,泥沙在水流俯冲的作用下跃移运动	泥沙向四周间歇推移,有横向输移;当水流强度较大时,泥沙在水流俯冲的作用下跃移运动
B	迎流面	水流流速较大,流态较为平稳	泥沙输移强度较大,输移方向沿沙纹表面向前,较为规则
C	波峰	流速最大,且在经过波峰后产生水流脱体漩涡	迎水面推移的泥沙在波峰后在重力作用下自然下落

续上表

序号	位置描述	水流情况	泥沙运动
D	背水面	处于平轴漩涡区,水流沿坡面向上,流速较小,且存在滞留点	泥沙自然滑落,受水流的顶托作用,其坡面角度大于自然休止角
E	波谷	处于平轴漩涡区,流速为负值	有少量泥沙向上游方向输移

单颗粒泥沙运动是沙波宏观运动的微观形式,其与沙波表面的水流结构紧密相连。根据第5章的研究,泥沙在再附点附近的起动流速最小,即在相同水流条件下,该处的泥沙运动最强。该处受到来自上游波峰下泄水流的俯冲,俯冲后的水流向周围散开。而内部边界层刚刚形成,受到水流的清扫作用后,厚度减小,泥沙直接受到水流的清扫作用,使得泥沙处于强烈的加速状态,向周围散开。泥沙起动后并没有形成悬移质,而是靠近床面以推移质的形式向下游运动[11]。波峰处是迎流面和背水面的交界处,同时也是泥沙运动的分水岭。当泥沙跃过波峰后,由于回流区的影响,流速值较小,泥沙就下沉到波谷,在逆向水流的作用下,有少量的泥沙甚至往上游输移。因受近底水流的作用,泥沙颗粒时起时落,平整床面变得凹凸不平。沙波的出现影响着水流结构,继而影响泥沙颗粒的运动状态。沙波与近底的水流是相互协调的非线性动力过程。在试验研究中观察到,随着时间的推移,在大的沙波上叠加了小的沙波,如图6.2所示,这与Parsonss[12]实地观测现象所一致,从波谷到波峰,沙波叠加的尺寸以及三维特征越来越明显。在整体水流结构下,每个小沙波又有各自的水流特征,这就加深了沙波上泥沙起动的复杂性。钟亮[13]针对沙波床面形态具有自相似性的特点,曾将分形几何方法引入沙波阻力问题研究,

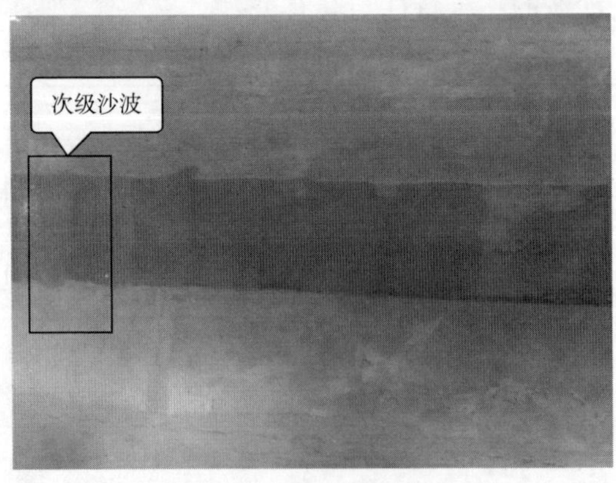

图6.2　沙波迎流面上的次级沙波叠加

提出采用分形维数描述沙波床面的形态特征,建立了沙波阻力系数的表达式。沙波泥沙起动具有一定的非线性,而分形几何方法能够描述沙波的具体几何细节,可以将分形方法引入沙波泥沙起动研究,以刻画微型沙波的影响,继而建立起动流速与分形维数的关系式。

6.4 沙波泥沙运动公式

虽然到目前为止,研究泥沙起动的公式达到上百个,但其最基本的是沙莫夫公式,均符合泥沙颗粒起动流速的一般表达式:

$$V_c = AXB \tag{6-3}$$

式中,A 与泥沙起动模式以及外在因素有关,即与流速作用力相关的影响因素一般会出现在 A 式中;B 的表达式结构一般受到泥沙内在因素影响,即与流速无关的影响因素一般出现在 B 式中;X 主要受到水流流速的垂向分布规律影响。

6.4.1 外在因素(A)

外在因素 A 所受到的影响因素较多,如泥沙起动模式,外在与流速相关的作用力、含沙量及暴露度等。在实际问题中,因各个学者所研究具体问题的不同,A 的表达形式也千差万别,但主要在一个范围内变化,唐存本等人[14]认为 A 的取值为 1.12 ~1.21 比较合适。

在泥沙起动研究中,一般认为当作用在泥沙上的起动力大于抗拒力的时候,泥沙便开始运动。但是水流是怎样作用于沙粒,沙粒是怎样失去平衡状态的,其变化过程如何,最初进入运动的方式又是怎样的,这些问题直接决定了对沙粒受力平衡的分析。目前主要利用滑动和滚动两种起动模式来建立平衡关系式,但通过上文计算发现,在研究相同的问题时,无论采用哪种起动模式,所得到的计算结果基本相同。在试验过程中发现,沙波上泥沙以上述两者模式共同起动,很难确定以哪种方式为主。因此在式 A 中,起动模式仅仅影响表达式的形式,物理意义稍有不同,但对计算结果不起决定性作用。

在第 5 章的起动受力分析中,作用在泥沙颗粒表面,且能够用流速表达的作用力,如拖曳力、上举力以及水流冲击力均出现在式 A 中。根据动量定理可知,这些力均与流速的平方成正比,只是系数不同。由于公式以平均流速的形式表达出来,故式 A 中基本是各个作用力系数的整合,具体的整合方式受起动模式、坡度以及作用位置等因素的影响。

张红武[15]认为河道中的含沙量同床沙粒径分属相互独立的两个变量,天然情况下含沙量大小对床沙起动有一定影响，并在初期公式中考虑了含沙量对泥沙起动的影响，提出含沙量影响系数。值得注意的是，水体含沙量主要受流速大小影响，是流速的函数，流速越大，含沙量越高，所以该项（含沙量）也会在式 A 中出现。当沙波尺度较小时，可以认为沙波上各处的含沙量基本相等；而当沙波尺度达到一定规模的时候，由于水深以及水平位置的不同，此时各处的含沙量差别较大，对应的泥沙起动规律也就更加复杂，需进行专门的研究。

6.4.2 内在因素(B)

内在因素是指泥沙颗粒本身的各种物理特性。目前在 B 中最常见的两项为重力作用（可简称为重力项 B_1）和黏结力作用（可简称为黏性项 B_2）。重力项 B_1 相对比较简单，各公式均相同；而对于黏性项 B_2，各方的形式差别较大。

无论研究对象是粗颗粒还是细颗粒，均需要考虑重力作用，此时 B 的表达式如下：

$$B=\left(\frac{\gamma_s-\gamma}{\gamma}gD\right)^{\frac{1}{2}} \tag{6-4}$$

只有当研究对象为细颗粒泥沙时，才会考虑黏结力的作用。对于细颗粒泥沙的起动流速，我国老一代学者对黏性沙开展了卓越的研究，其中窦国仁公式[16]、张瑞瑾公式[17]、唐存本公式[18]、沙玉清公式[19]等都产生了很大的影响。窦国仁[20]认为黏结力是由于细颗粒之间除了薄膜水之外，没有自由水的存在，薄膜水分子具有一定的方向和序列，不能传递与直线方向垂直的压强导致的，得出：

$$B=\left[\frac{\gamma_s-\gamma}{\gamma}gD+0.19\left(\frac{\varepsilon_k+gd\delta}{D}\right)\right]^{\frac{1}{2}} \tag{6-5}$$

式中，γ 为水流重度；γ_s 为泥沙重度。δ、ε_k 根据交叉石英丝试验成果分别取 $0.213\times10^{-4}\text{cm}$、$2.56\text{cm}^2/\text{s}^2$。

唐存本[18]认为，当颗粒接触时，颗粒间的结合水膜连接起来，由于水膜分子的吸力作用导致了黏结力的存在，提出：

$$B=\left[\frac{\gamma_s-\gamma}{\gamma}gD+\left(\frac{\gamma'}{\gamma'_c}\right)^{10}\frac{c}{\rho D}\right]^{\frac{1}{2}} \tag{6-6}$$

式中，γ'为淤积物的干重度；γ'_c为淤积物的稳定干重度。

张瑞瑾[17]认为细颗粒起动时受黏结力的影响，尤其认为该黏结力还包含水柱及大气压力所传递的那部分作用，得到：

$$B=\left[\frac{\gamma_s-\gamma}{\gamma}gD+0.000\,000\,336\left(\frac{10+d}{D^{0.72}}\right)\right]^{\frac{1}{2}} \tag{6-7}$$

张红武[21]在尽量全面考虑黏结力系数影响因素之后,提出了如下 B 的形式:

$$B=\left[\frac{\gamma_s-\gamma}{\gamma}gD+7.8\left(\frac{\gamma_s-\gamma}{\gamma}g\right)\left(\frac{\gamma'}{\gamma_c'}\right)^{6.6}\frac{\nu^{1.11}}{D^{0.67}}\right]^{\frac{1}{2}} \tag{6-8}$$

从以上各学者 B 的表达式可以看出,重力项 B_1 基本不变,而黏性项 B_2 的差别较大,这主要是目前对黏性项的物理意义还不是很清楚,各家采用不同的理论来推导黏性项。本书主要考虑粗颗粒泥沙的起动,没有涉及黏性项,对于沙波上黏性细颗粒泥沙的起动问题需要进一步研究。根据张红武和卜海磊[22]的研究,附加下压水引起的力对黏性细颗粒起动存在影响,其中附加下压水跟水深有关。再者从式(6-5)和式(6-7)可知,黏性项 B_2 与泥沙颗粒所处的水深 d 有关,而沙波上各个位置处的泥沙所处的水深均不相同,这使得沙波上泥沙的起动更加复杂。

6.4.3 流速换算关系(X)

泥沙起动流速公式推导过程中,在近底和平均流速换算时,需引入垂向流速分布公式,而由于水力学科发展水平所限,存在的问题较多。

流速沿垂线分布公式最经典的是对数型流速分布公式,这是个半理论半经验公式。将 NiKuradze 的试验资料同掺长关系式比较后可以看出,Prandtl 关于掺长的假设仅在近壁区与实测点相符合,而建立流速垂线分布公式时忽略黏性剪切力的假设,在紧靠边壁的水流区却不能成立,因此对数型流速分布公式的理论推导尚欠严密。其次,床面粗糙时由该式计算出的近底流速将会出现负值的错误。再次,由对数型流速分布公式求得的流速梯度(一阶导数)不等于零,从而出现在水面处的流速不是极值的矛盾。对数型流速分布公式在水面与河底处存在理论缺陷,导致泥沙起动流速公式出现的问题不仅是上述水深较大时起动流速过大,而且由窦国仁公式与苏联学者的公式可以看出,河床粗糙度越大,起动流速越小,这显然也是不符合实际的。

受苏联沙莫夫散粒体泥沙起动流速公式影响,我国学者在底部和平均流速换算时,大多引入指数流速分布公式。指数流速分布公式属于纯经验公式,尽管床面粗糙时近底流速不会出现负值的错误,但水面处流速梯度仍不等于零。在底部和平均流速换算时引入指数流速分布公式,导致的最大问题是反映不出床面粗糙状态对泥沙起动流速大小的影响,甚至在 D/d 被视为床面相对粗糙度的情况下,由目前的指数型起动流速公式,还可能使人们产生“床面越粗糙泥沙起动流速就越小”的误解。但是在实际应用中,指数流速公式基本可以满足使用要求。

然而在实际问题中,非均匀流具有普遍性。无论是对数还是指数流速分布公式,其对应的水流流态均是明渠恒定均匀流。当所研究的泥沙处在底坡不为零或边坡上的时候,需重新考虑此时的流速垂线分布规律。目前,许多学者通过各种模式建立了斜坡上泥沙的起动流速公式,大多均使用指数流速来进行近底和平均流速的换算,这点是值得商榷的。根据乐培九次生流的研究,当水流处于加速或者减速的时候,在流速垂向分布中均会存在次生流,改变流速垂向分布规律,因此在进行换算时,需着重考虑次生流的影响。

不同坡度沙波上的水流流态更加复杂。试验研究发现,在不同水深、坡度及沙波位置等条件下,流速的垂向分布规律各不相同,这给建立以平均流速为泥沙起动公式带来了困难。沙波上的泥沙起动试验表明,位于迎流面上的泥沙起动流速均小于平坡起动,这与利用何文社[23]和聂瑞华[24]的斜坡公式得出的结论恰恰相反。主要原因是何文社[23]和聂瑞华[24]的公式均没有考虑次生流作用,仅仅认为斜坡只对重力分解产生影响,而忽视了对水流流态的改变。

本书在乐培九次生流的基础上,根据沙波上水流变化规律,建立了适合沙波迎流面的流速垂向分布公式,并以此建立了沙波泥沙起动流速公式,与实测资料吻合良好,说明了近底和平均流速换算关系是在实际使用中需要重要考察的一项指标,应根据实际问题来具体确定。

6.5 小结

本章从泥沙起动的随机性、紊流特性、沙波泥沙运动以及起动公式等方面对沙波上泥沙起动机理进行了分析,阐述了泥沙起动与水流相互作用的过程。主要结论如下:

(1)沙波上泥沙起动的随机性很强,准确理解各作用的随机性对正确认识泥沙起动机理有着积极的意义。目前研究泥沙的起动的方法也较多,但还没有一个能完全解释泥沙的起动现象,大多是从统计学的角度出发,在一定概率意义下研究泥沙起动机理。

(2)泥沙的起动是一个瞬时过程,主要受到紊流结构的影响。横、垂向的瞬时流速对泥沙起动也有贡献,所以对泥沙起动的研究应从沙波上三维流场出发,以瞬时流速来表达水流对泥沙颗粒的作用力。

(3)因沙波形态的影响,水流流态和泥沙运动规律因地而异,各处的泥沙受到截然不同的动力影响。微观上泥沙颗粒在沙波迎流面上因受加速环流作用首先起动,经过波峰后流速降低,泥沙落入波谷;宏观上床面则以一种相对固定的波形向前推进。

(4)总结了泥沙起动流速的一般表达式 $V_c = AXB$,并对外在因素 A、内在因素 B

以及近底流速换算关系项 X 进行阐述。虽然目前起动公式很多,但基本符合该基本式。因沙波泥沙起动的特殊性,除了没对泥沙颗粒的内在因素 B 产生影响外,对其他两项均有所影响。值得注意的是地形对水流流态的改变作用,这是许多学者在研究泥沙问题时往往所忽略的。

本章参考文献

[1] 韩其为,何明民. 泥沙起动规律及起动流速[M]. 北京:科学出版社,1999.

[2] 邓丽颖. 复杂流动下泥沙起动机理的研究[D]. 长沙:湖南大学,2009.

[3] 王协康,敖汝庄,方铎. 泥沙起动条件及机理的非线性研究[J]. 长江科学院院报,1999,16(4): 39-45.

[4] 钟亮,许光祥. 基于模糊理论的无黏性均匀沙起动流速研究[J]. 人民黄河,2007,29(11): 31-33.

[5] 唐造造,方铎. 泥沙随机起动的简化模式[J]. 水力发电学报,1997(1): 65-71.

[6] 王平义,陈远信. 泥沙起动条件的模糊分析[J]. 成都科技大学学报,1992(6): 41-47.

[7] 王东. 人工神经网络理论及其在泥沙科学中的应用研究[D]. 成都:四川大学,2003.

[8] 朱红钧,赵振兴. 明渠河道紊流特性试验研究[J]. 中国农村水利水电,2007(9): 12-15.

[9] Polatel C. Large-scale roughness effect on free-surface and bulk flow characteristics in open-channel flows[M]. ProQuest,2006.

[10] 毛野,袁新明. 沙波附近紊流拟序结构特性初步研究[J]. 河海大学学报: 自然科学版,2002,30(5): 56-61.

[11] 白玉川,许栋. 明渠沙纹床面湍流结构试验研究[J]. 水动力学研究与进展: A 辑,2007,22(3): 278-285.

[12] Parsons D R, Best J L, Orfeo O, et al. Morphology and flow fields of three-dimensional dunes, Rio Paraná, Argentina: Results from simultaneous multibeam echo sounding and acoustic Doppler current profiling[J]. Journal of Geophysical Research: Earth Surface (2003—2012),2005,110(F4).

[13] 钟亮. 河道形态阻力分形特征研究[D]. 重庆:重庆交通大学,2011.

[14] 唐存本. 泥沙起动规律[J]. 水利学报,1963,2(1): 1-12.

[15] 张红武. 泥沙起动流速的统一公式[J]. 水利学报,2012(12): 1387-1396.

[16] 窦国仁.论泥沙起动流速[J].水利学报,1960(4):44-60.
[17] 张瑞瑾,谢鉴衡,陈文彪.河流动力学[M].北京:中国工业出版社,1961.
[18] 唐存本.泥沙起动规律[J].水利学报,1963(3):1-12.
[19] 沙玉清.泥沙运动学引论[M].北京:中国工业出版社,1965.
[20] 谢鉴衡.河流泥沙工程学(上册)[M].北京:水利电力出版社,1981.
[21] 张红武,吕昕.弯道水力学[M].北京:水利电力出版社,1993.
[22] 张红武,卜海磊.试论泥沙的起动流速公[C]//第八届全国泥沙基本理论研究学术讨论会论文集.南京:河海大学出版社,2011:400-407.
[23] 何文社,曹叔尤,刘兴年,等.不同底坡的均匀沙起动条件[J].水利水运工程学报,2003:323-26.
[24] 聂锐华,刘兴年,曹叔尤.不同底坡泥沙起动条件研究[J].中国科技论文在线.

第7章 ▶ 结　语

本书通过概化水槽试验、分析研究、理论研究等手段，系统分析了沙波上泥沙输移机理，深入探讨了沙波上泥沙起动的成因及其影响因素，通过理论推导，并结合试验数据，得到了沙波上迎流面流速垂向分布公式和泥沙起动公式。主要研究结论可以归纳为以下几个方面：

(1)沙波水槽试验研究表明:沙波流速垂向分布规律与均匀流差别较大，近底流速增加，而上部流速有所减小。一个沙波周期内，沿程各段面流速分布不断变化，迎流面次生流的中心位置沿程不断升高。次生环流中心点垂向相对位置随着水深的增加而升高。

(2)沙波迎流面上不同位置处泥沙起动流速并不相同，粒径对起动流速的影响基本符合希尔兹曲线关系，而坡度影响关系就显得较为复杂，需做进一步的分析研究。现有的平坡和斜坡泥沙起动公式计算误差较大，不能够准确地计算出沙波上泥沙起动流速，需根据沙波泥沙和水流特征，建立有效的泥沙起动流速公式。

(3)在乐培九次生流的基础上，根据沙波迎流面水流特点，认为次生流在迎流面上处于一个不断发展的过程，由此得到沙波流速垂向分布公式。该公式在一定水深下，能够较好地吻合实测数据；在深水情况下，也能够准确预测近底流速分布规律，为建立有效泥沙公式提供了基础。

(4)在以往底坡泥沙起动研究中，往往只考虑坡度对重力分解的影响，而没考虑对水流的改变作用。本书在近底流速和垂线平均流速换算过程中，考虑了因地形产生的次生流作用，符合实际沙波上的水流情况。沙波形态对水流流态作用，使得水流对床面存在作用力，影响着泥沙的起动。研究表明，在沙波上泥沙起动研究中考虑水流冲击力是合理的。

(5)结合实测流场数据，建立了沙波泥沙起动流速公式，并利用已有数据进行验证。该式综合考虑了“重力效应”和“压力效应”，不仅适于不同坡度沙波上泥沙起动流速计算，还可用于平坡和正、负坡上的均匀沙起动流速计算。

近几十年来，有很多学者从不同角度、应用不同方法对泥沙颗粒的起动进行研究，并且已经获得了很多试验成果，当然其中不乏比较接近的结论和相差甚远的成果。沙波上泥沙的起动问题影响因素众多,而且很多因素的不确定性较强。对于这些影响因素,研究者只能在一定条件下给出具有统计意义的结果。本书通过试验对沙波上非黏性均匀沙的起动问题进行了一定的探讨,并建立了沙波迎流面流速垂向分布公式和有效泥沙起动公式。

由于试验时间有限,书中研究的结论尚需从理论和实践上进一步检验和完善,试验部分也有待完善。为此今后需进行以下内容研究:

(1)本书试验研究的主要内容为沙波迎流面再附点后的泥沙起动规律,没有涉及回流区内的泥沙起动。为全面了解整个沙波断面的泥沙输移情况,有必要进行回流区内的泥沙起动研究。

(2)沙波流速垂向分布公式的建立主要考虑次生流的作用,忽略了背流面回流区以及涡流结构的影响,且该公式并不适用整个沙波断面,未来可建立能够反映整个沙波断面水流特征的流速垂向分布公式及沙波泥沙起动流速公式。

索　引

x

y

z